中等职业教育"十三五"系列教材：信息技术类

计算机应用基础 实训指导

JISUANJI YINGYONG JICHU SHIXUN ZHIDAO

主　编　丁建雷　赵延博

副主编　刘　伟　李　萍

ZJFS.BNUP.COM | WWW.BNUPG.COM

北京师范大学出版集团
BEIJING NORMAL UNIVERSITY PUBLISHING GROUP
北京师范大学出版社

图书在版编目(CIP)数据

计算机应用基础实训指导/丁建雷,赵延博主编. —北京:北京师范大学出版社,2018.8

(职业教育"十三五"系列教材)

ISBN 978-7-303-23934-4

Ⅰ. ①计… Ⅱ. ①丁… ②赵… Ⅲ. ①电子计算机—中等专业学校—教材 Ⅳ. ①TP3

中国版本图书馆 CIP 数据核字(2018)第 158182 号

营销中心电话	010-58802181　58805532
北师大出版社职业教育分社网	http://zjfs.bnup.com
电 子 信 箱	zhijiao@bnupg.com

出版发行:北京师范大学出版社　www.bnup.com
　　　　　北京市海淀区新街口外大街 19 号
　　　　　邮政编码:100875

印　　刷:	保定市中画美凯印刷有限公司
经　　销:	全国新华书店
开　　本:	787 mm×1092 mm　1/16
印　　张:	11
字　　数:	250 千字
版　　次:	2018 年 8 月第 1 版
印　　次:	2018 年 8 月第 1 次印刷
定　　价:	29.80 元

策划编辑:林　子	责任编辑:李会静
美术编辑:高　霞	装帧设计:高　霞
责任校对:李云虎	责任印制:陈　涛

前言

"计算机应用基础"作为职业学校非计算机专业学生的一门必修课程，以培养学生计算机技能、信息化素养、计算思维能力为目标，是后续课程学习的基础。随着计算机技术、网络技术的快速发展，"计算机应用基础"课程教学改革面临着前所未有的机遇和挑战。尽管中小学开设了信息技术课程，但来自不同地区的学生的计算机技能水平仍存在很大差异。基于这样的现状，同时也为了激发学生的学习兴趣，我们编写了计算机系列丛书。为了体现教学的时效性和针对性，有效解决当前职业学校"计算机应用基础"课程教学改革的瓶颈问题，我们又在前期系列丛书的基础上编写了这本实训教程。

根据学习者计算机水平的现状，在编写过程中，我们将本书分成两部分：一部分侧重考查学生的计算机理论水平；另一部分侧重加强学生的实践操作能力，保证学生能够在学习理论的基础上又能提高实训能力。

本书以 Windows 10 和 Office 2016 为系统环境，分为 3 个部分：第 1 部分计算机基础知识，主要加强学生对计算机基础知识的应用，包括计算机的发展和软件、硬件常识的了解；第 2 部分 Windows 10 操作系统，主要加强学生对系统新功能的应用和文件、文件夹的管理；第 3 部分办公软件应用，主要侧重计算机技能的综合应用，包括文档排版、表格应用和演示文稿的编辑与使用。

本书内容涉及的知识面广，体现了循序渐进、由浅入深的思想和理念，以满足不同学时、不同基础读者的学习需求。在教学实践中，教师可根据学时数和学生的基础来选择内容，读者可依据自身的兴趣和学习需求选择实验内容进行自主实验。本书可单独作为实训教材使用，也可作为"计算机应用基础"理论课的配套教程。

本书在形成和撰写过程中，得益于同行众多类教材的启发，得到了北京师范大学出版社的鼎力帮助和支持，在此深表感谢。

由于作者水平有限，编写时间仓促，书中难免有不足之处，请读者不吝赐教。

编　者

目 录

第1篇

计算机基础知识

第1单元　基本知识点

自从 1946 年诞生第一台电子计算机以来，计算机科学获得快速发展。尤其是微型计算机的出现和计算机网络的广泛应用，深刻影响并改变着人们的工作方式、生活方式和学习方式。通过本单元的学习，学生可初步了解计算机的应用，认识计算机的硬件和软件，掌握计算机的基本操作方法，为进一步学习计算机的使用打下基础。

1．数制与数据单位

1.1　数制

数制是指用一组固定的数字和统一的规则来表示数的方法。计算机中常用数制有二进制、八进制、十进制、十六进制。

二进制是使用 0 和 1 两个数字符号，按照"逢二进一"的规则进行计数的方法。由于用 0 和 1 可以表示电子器件两种不同的稳定状态，在计算机内部，数据的存取、处理和传输都是以二进制编码的形式进行的。

1.2　数据

数据是指存储在某种媒体上能被识别的物理符号。计算机中的数据不仅包括数字、字母、文字和其他特殊字符组成的文本形式的数据，还包括图形、图像、动画、影像、声音等多媒体数据。其中，数字用于表示数值的大小，并参加数值运算，叫作数值数据，包括整数和小数；其余的数据叫作非数值数据。

1.3　信息

数据经过加工处理之后，成为对于接收者来说有意义的特定形式，即信息。

1.4 数据单位

计算机中最小的数据单位是二进制的一个数位，简称位(bit)。人们将 8 位二进制数称为一个字节(Byte)。计算机中数据存储以字节作为基本单位。

2. 字符编码

字符是指在计算机中使用的数字、英文字母、汉字和常用符号，如运算符、括号、标点符号等，还有一些控制符号。任何形式的数据进入计算机后，都必须用 0 和 1 的二进制编码形式表示。英文字母、数字和标点符号等字符与二进制数之间有一定的对应关系，将字符进行二进制编码称为字符编码。

ASCII 码(American Standard Code for Information Interchange，美国信息交换标准代码)是计算机中普遍采用的一种字符编码，由 8 位二进制编码组成，最高位是 0。ASCII 码用于表示数字、英文字母、标点符号和专用符号以及控制字符，是国际通用的字符编码，共 128 个。

汉字编码主要包括国标码、机内码和外码。汉字国标码(GB2312—80)的字符集包括 6763 个常用汉字和 682 个图形符号。机内码是计算机系统内部处理和存储汉字使用的代码，一个汉字用两个字节表示。外码是为了汉字输入方便对汉字进行的编码。汉字国标码可以依据规则转换成机内码。在计算机内部，机内码是唯一的编码，但外码较多，每种汉字输入方案都是一种外码。

用 4 位二进制数来表示 1 位十进制数中的 0～9 这 10 个数码，简称 BCD 码(Binary Coded Decimal)。最常用的 BCD 码称为 8421BCD 码。"8""4""2""1"表示从高到低各位二进制位对应的权值分别为 8、4、2、1。

3. 计算机系统

计算机系统由硬件系统和软件系统组成。硬件是指构成计算机的物理设备；软件是指系统中的程序以及开发、使用和维护程序所需要的所有文档的集合，软件系统分为系统软件和应用软件。

能够使计算机启动的最低硬件配置由电源、主板和中央处理器(Central Processing Unit，CPU)组成，称为硬件最小系统。在这个系统中，没有任何信号线的连接，只有电源到主板的电源连接，通过声音来判断这一核心组成部分是否可以正常工作。计算机配置由电源、主板、CPU、内存、显示卡/显示器、硬盘和键盘组成。

3.1 计算机的硬件组成

个人计算机属于微型计算机，简称微机，俗称电脑。从外观上看，计算机通常由主机、显示器、键盘和鼠标组成。有的用户还在此基础上添加打印机、绘图仪、音箱、摄像头、扫描仪等其他外部设备。

3.1.1 主板

主板是一块集成了多种处理模块部件的电路板，拥有各种设备接口，为连接在主板上的配件提供电力和数据通信等服务。大部分主板还集成有显卡和声卡。因此，主板是计算机各种部件相互连接的纽带和桥梁。

（1）芯片组（Chipset）

芯片组是主板的核心组成部分。对于主板而言，芯片组是灵魂，几乎决定了这块主板的功能。如果芯片组不能与 CPU 良好的协同工作，将严重地影响计算机的整体性能。芯片按照在主板上的排列位置的不同，通常分为北桥芯片和南桥芯片。

（2）BIOS 芯片

BIOS（Basic Input Output System，基本输入/输出系统）是被固化于主板上的一块 ROM（Read-Only Memory，只读存储器）芯片中的一组程序，它保存着计算机最重要的基本输入/输出程序、开机后自检程序和系统自启动程序。它可从 CMOS（Complementary Metal Oxide Semiconductor，互补金属氧化物半导体）中读写系统设置的具体信息。该芯片习惯上被称为 BIOS 芯片。BIOS 为计算机提供最低级、最直接的硬件控制，是连接软件程序和硬件设备之间的桥梁。

英特尔（Intel）在对 BIOS 升级过程中，经历了过渡方案 EFI（Extensible Firmware Interface，可扩展固件接口）标准，到 2007 年将 EFI 标准正式更名为 UEFI（Unified Extensible Firmware Interface，统一的可扩展固件接口）的过程。UEFI BIOS 使用图形化界面，支持鼠标操作，使用非常方便。

（3）CMOS

采用 CMOS 半导体技术生产的 SRAM（Static Random-Access Memory，静态存储器）芯片，专门用来存储用户在组装和使用计算机时对部分硬件的参数以及运行方式修改后的数据，并配备电池保存这些数据。人们习惯将 SRAM 芯片称为 CMOS。

（4）主板外部接口

计算机系统主机箱外的各种部件通过主板外部接口连接在一起。USB（Universal Serial Bus，通用串行总线）接口支持即插即用和热插拔功能，用于连接键盘、鼠标、U 盘、打印机等。USB 3.0 接口外观呈蓝色，与 USB 2.0 接口区分明显。VGA（Video Graphics Array，视频图形阵列）接口、RJ45 网卡接口和各种多媒体接口位于主机箱背部。

3.1.2　CPU

CPU 是计算机系统的核心，包括运算器和控制器两部分。英特尔和美国超微半导体（AMD）公司是生产 CPU 的主要厂商。Intel 7 是 64 位 CPU，是目前流行配置。

3.1.3　存储器

存储器分为内存（储器）和外存（储器）。

（1）内存

内存又叫作主存储器，分为只读存储器（ROM）和随机存储器（RAM）。其中，ROM 存储的内容主要是计算机厂家一次性写入的系统软件，并永久保存，用户只能读取，不能写入新内容，其中的信息不会因断电而消失。RAM 外形呈条状，俗称内存条，是计算机运行程序的空间，主要用来存放操作系统、各种应用软件、输入数据、输出数据、中间计算结果及与外存交换信息，一旦断电，其中的信息就会丢失。内存是可以直接与CPU 交换数据的存储器，外存中的数据只能与内存进行交换。目前，台式机主流内存是 8 GB 或 16 GB 的 DDR4 内存。

内存中有一块暂时存放数据的空间叫剪贴板。当进行复制或剪切操作时，数据暂时存放在内存中，关闭电源后，其中的内容就会自动清除。

clipbrd. exe 是 Windows 剪贴板查看应用程序。在命令提示符窗口中输入"clipbrd. exe"，按回车键，即可运行 Windows 剪贴板查看程序。

Windows 剪贴板只保存最后一次进入剪贴板的信息。按 PrintScreen 键，保存屏幕界面到 Windows 剪贴板；按 Alt＋PrintScreen 键，保存活动窗口界面到 Windows 剪贴板。

Office 剪贴板最多可以保存 24 次进入剪贴板的信息。单击"开始"选项卡中的"剪贴板"对话框启动器，打开 Office 剪贴板，可以查看其中保存的内容。

（2）外存

外存又叫作辅助存储器。常用的外存有硬盘、光盘、U 盘等，是存储数据和程序的空间。

①硬盘接口。

在 2004 年之前，硬盘接口普遍采用并口传输模式，即 IDE（Integrated Device Electronics，集成电路设备）或 ATA（Advanced Technology Attachment，硬盘接口技术）模式，理论最大传输率 133 MB/s。AHCI（Serial ATA Advanced Host Controller Interface，串行 ATA 高级主控接口）或 SATA（Serial Advanced Technology Attachment，串行高级技术附件）模式是串口传输。SATA2 理论最大传输速度 300 MB/s；SATA3 的速度达到 600 MB/s，已经成为主流接口。2015 年之前的计算机，使用固态硬盘需要在 BIOS 中开启 AHCI 模式，近两年内购买的新计算机，使用 SATA3.0 数据线及硬盘接口进行连接。

②磁盘格式化。

根据制造工艺不同，硬盘分为机械硬盘和固态硬盘两种，它们的分区与格式化方法完全一样。硬盘在生产完成后，需要经过低级格式化、分区和高级格式化（简称格式化）之后，才能用于存储数据。"低级格式化"由生产厂家完成，目的是给硬盘划定可用于存储数据的磁道和扇区。"分区"和"格式化"操作由用户根据需要完成。

目前主流的机械硬盘容量多在 1 TB 到 3 TB 左右。磁盘分区是将一块物理硬盘从逻辑上划分成一块或几块逻辑盘，如"磁盘 C""磁盘 D"等，方便用户使用。硬盘创建分区时，就已经设置好了硬盘的各项物理参数，指定了硬盘主引导记录（Master Boot Record，MBR）和引导记录备份的存放位置。

磁盘高级格式化是对磁盘分区按照文件系统的要求在磁盘分区上创建文件分配表并划分数据区域，以便操作系统存储数据。文件系统以及其他操作系统管理硬盘所需要的信息都是通过之后的高级格式化，即 Format 命令来实现。当前 Windows 操作系统主要使用 FAT（File Allocation Table，文件配置表）32 和 NTFS（New Technology File

System，新技术文件系统）两种文件系统。FAT32 文件系统支持不大于 4 GB 的单个文件，NTFS 文件系统支持可以大于 4 GB 的单个文件。Windows 10 操作系统要求使用 NTFS 文件系统。

固态硬盘如果没有经过初始化，连接到装有 Windows 10 系统的计算机上，系统会自动选择 MBR 模式进行初始化。初始化之后，可以进行分区与格式化，经过格式化的固态硬盘具有 4K 对齐特性和 NTFS 文件系统。

提示： 传统的机械硬盘将每个扇区里存储 512B，固态硬盘进行 4K 对齐处理，每个扇区里存储 4096B。

③硬盘分区表。

由多组十六进制代码组成一个单向链表，每组代码称为一个表项，描述一个磁盘分区信息。分区表对系统非常重要，它规定系统有几个分区、每个分区的起始及终止扇区、分区大小及是否为活动分区等重要信息。

MBR 分区表有 4 个表项，每个表项 16B，最多支持 4 个主分区，最大支持 2 TB 磁盘分区。GPT(GUID Partition Table，全局唯一标识磁盘分区表)采用 UEFI 标准，最大支持 18 B 磁盘分区，最多支持 128 个主分区。GPT 分区表在结构上分为头部和 6 个表项，在磁盘的首部和尾部分别保存了一份相同的分区表，使用 16B 的全局唯一标识符来标识分区类型。

2011 年之后，Intel 6 系列主板开始提供 UEFI BIOS 支持，正式支持 GPT 硬盘分区表格式，取代了此前的 MBR 分区表格式。考虑到兼容性，Windows 10 继续提供对 MBR 分区表格式的支持。

3.1.4　输入设备和输出设备

常用的输入设备有键盘和鼠标。显示器是常用的输出设备。

键盘通常由 4 个区组成：主键盘区、功能键区、编辑键区（光标控制键区）和数字键区。

鼠标主要有两键和三键两种，每种都分有线和无线两类。常用的鼠标操作方式有以下几种：移动、指向、单击（默认单击左键）、右击、双击、三击、拖动和释放。

显示器的性能通常用分辨率、刷新频率、显示内存灰度级和屏幕尺寸等进行衡量。其中，分辨率是指水平方向和垂直方向上最大像素个数，如 1280×1024，像素越多，分辨率就越高，图像就越清晰。刷新频率是指图像在屏幕上更新的速度，即屏幕上图像每秒钟出现的次数，单位是 Hz。刷新频率越高，图像越稳定。

3.1.5　电源

计算机电源接入 220 V 交流电，经过转换输出不同规格的直流电，为计算机稳定工作提供能量。

3.1.6　其他设备

机箱，光驱，独立的显卡、声卡、网卡等也是计算机的组成部分。打印机、绘图仪、音箱、摄像头、扫描仪等都是计算机系统的附属设备。

3.2 计算机的软件系统

软件是在计算机硬件上运行的程序以及开发、使用和维护程序所需要的所有文档的集合。通常将软件系统分为系统软件和应用软件两大类。

3.2.1 系统软件

系统软件是负责管理、控制和协调计算机及其外部设备，支持应用软件的开发和运行的一种计算机软件。系统软件主要包括操作系统、语言处理程序、编译程序、数据库管理系统、系统服务程序等。

3.2.2 应用软件

应用软件是利用计算机和系统软件为解决各种实际问题而编制的程序及其有关资料，如文字处理软件、图形图像处理软件等。

4. 指令和程序

4.1 指令

指令是让计算机完成操作所发出的命令，是能被计算机识别并执行的二进制代码，它规定了计算机能完成的某种操作。CPU用来计算和控制计算机系统的指令集合叫作指令集。每种CPU在设计之初就规定了一系列与其他硬件电路相配合的指令系统。

4.2 程序

程序是让计算机硬件完成特定功能的指令序列的集合。计算机工作的过程就是执行程序的过程。

5. 计算机的技术指标

计算机的性能是由它的运算速度、字长、内存容量、外部设备的配置、软件的配置等多方面的因素决定的。

5.1 运算速度

运算速度是衡量计算机性能的一项重要技术指标。常用CPU时钟频率（主频）和每秒平均执行指令条数等方法描述计算机的运算速度。通常用CPU型号和主频一起来标记微型计算机配置。例如，Pentium（R）Dual-Core CPU E6700 @ 3.20 GHz，其含义是Pentium双核CPU，主频是3.2 GHz。

5.2 字长

计算机在处理数据时，CPU每次能处理的一组二进制数称为计算机的字，这组二进制数的位数就是字长。在其他指标相同时，字长越大，计算机处理数据的速度就越快。目前，微型计算机的字长为64位或32位。

5.3 内存容量

需要执行的程序与需要处理的数据存放在内存当中。内存容量越大，系统性能越好。

5.4　外部设备的配置

主机能够配备哪些外部设备是衡量计算机性能的标准。外部设备配置是否合适，会影响或决定计算机性能的发挥。其中，外存专门用来存储数据，容量越大，存储的数据就越多。

5.5　软件的配置

硬件是计算机工作的基础，软件是对计算机功能的完善和扩充。用户使用计算机实际上是使用计算机软件。在硬件配置相同的情况下，软件功能决定了计算机的性能，软件功能越强，计算机性能发挥越完善，计算机的功能也会随之增强。

总之，计算机的性能是一个综合指标，它需要各方面的协调，人们通常用字长、主频和主存容量 3 个主要指标进行衡量。

6. 计算机病毒

计算机病毒是指"编制或者在计算机程序中插入的破坏计算机功能或者破坏数据，影响计算机使用，并能够自我复制的一组计算机指令或程序代码"。计算机病毒是一段特殊的计算机程序，具有很强的隐蔽性、潜伏性、传播性和触发性，且有很强的破坏性和危害性。

7. 计算机的主要应用领域

信息技术的进步使计算机广泛应用于社会生活的各个方面，主要应用领域有：①科学计算；②数据处理(信息处理)；③过程控制；④计算机辅助系统；⑤计算机网络应用；⑥人工智能；⑦休闲娱乐。

第 2 单元　巩固练习

一、单选题

1. 第一台电子计算机 ENIAC 于(　　)在美国研制成功。

A. 1945 年　　　　　B. 1946 年　　　　　C. 1951 年　　　　　D. 1952 年

2. 一台完整的计算机系统包括(　　)。

A. 计算机及其外部设备　　　　　B. 主机、键盘、显示器

C. 系统软件和应用软件　　　　　D. 硬件系统和软件系统

3. 计算机软件系统包括(　　)。

A. 系统软件和应用软件　　　　　B. 编辑软件和应用软件

C. 数据库软件和工具软件　　　　　D. 程序和数据

4. 若计算机在运行过程中突然断电，下列存储设备中的信息会丢失的是(　　)。

A. ROM　　　　　B. RAM　　　　　C. 硬盘　　　　　D. U 盘

5. CPU 主要由运算器和(　　)组成。

 A. 存储器   B. 控制器   C. 寄存器   D. 编辑器

6. 计算机最早的应用领域是(　　)。

 A. 科学计算   B. 数据处理   C. 过程控制   D. 人工智能

7. 把硬盘上的数据传送到计算机的内存中去的过程,称为(　　)。

 A. 写盘   B. 读盘   C. 输出   D. 打印

8. 计算机中 1 KB 指的是(　　)B。

 A. 10   B. 100   C. 1000   D. 1024

9. 计算机中存储信息的基本单位是(　　)。

 A. 字符   B. 字节   C. 二进制位   D. 扇区

10. 内存中每一个基本单位都被赋予一个唯一的序号,叫作(　　)。

 A. 编号   B. 字节   C. 地址   D. 容量

11. 计算机的主存储器是指(　　)。

 A. RAM 和硬盘   B. ROM 和 RAM

 C. ROM   D. 硬盘和控制器

12. 在计算机中存储一个英文字母需要的存储空间是一个字节,存储一个汉字需要的存储空间为(　　)字节。

 A. 1 个   B. 2 个   C. 3 个   D. 4 个

13. 世界上第一枚微处理器芯片 Intel 4004 于 1971 年研制成功,它是(　　)处理器。

 A. 4 位   B. 8 位   C. 16 位   D. 24 位

14. Windows 剪贴板可以存放最近(　　)操作的信息。

 A. 1 次   B. 2 次   C. 3 次   D. 4 次

15. 计算机的性能主要取决于(　　)。

 A. 操作系统和硬盘容量   B. 字长、运算速度和内存容量

 C. 硬盘容量、内存容量和显示器分辨率 D. 操作系统和内存容量

16. 显示器的分辨率通常用(　　)表示。

 A. 能显示多少个字符   B. 能同时显示的信息量

 C. 单位面积显示的像素点数   D. 能显示的颜色数

17. Internet 中 DNS 是指(　　)。

 A. 域名服务器 B. 发信服务器 C. 收信服务器 D. 电子邮箱服务器

18. 微型计算机的主频很大程度上决定了计算机的运行速度,它是指(　　)。

 A. 计算机的开机速度   B. CPU 时钟工作频率

 C. 单位时间的存取数量   D. 基本指令操作次数

19. 在计算机内部,一切信息的存取、处理和传送都是以(　　)形式进行的。

 A. ASCII 码   B. 二进制   C. 八进制   D. BCD 码

20. 通常人们说的 64 位计算机,指的是这种计算机的 CPU(　　)。

 A. 包含 64 个寄存器   B. 由 64 个运算器组成

C. 能够同时处理64位二进制数　　　　　D. 有32个运算器和32个控制器

21. MIPS通常用来描述计算机的运算速度，其含义是（　　）。

A. 每秒钟处理百万个字符　　　　　　　B. 每秒钟处理百万条指令

C. 每分钟处理百万条指令　　　　　　　D. 每分钟处理百万条指令

22. 计算机的主频即计算机的时钟频率，较高的主频用吉赫兹来表示。其英文缩略语为（　　）。

A. MHz　　　　　B. GHz　　　　　C. GDP　　　　　D. MIPS

23. 二进制数10100转换成十进制数为（　　）。

A. 10　　　　　B. 12　　　　　C. 16　　　　　D. 20

24. 计算机能够直接执行的计算机语言是（　　）。

A. 汇编语言　　　B. 高级语言　　　C. 自然语言　　　D. 机器语言

25. 人们通常说的"死机"是指（　　）。

A. 计算机的工作状态　　　　　　　　　B. 计算机的自检状态

C. 计算机的休眠状态　　　　　　　　　D. 计算机的非正常停止运行状态

26. 在计算机的性能指标中，内存容量通常是指（　　）。

A. ROM的容量　　　　　　　　　　　　B. RAM的容量

C. ROM和RAM的容量总和　　　　　　　D. CD-ROM的容量

27. 下列四组数应依次为二进制、八进制和十六进制，符合这个要求的是（　　）。

A. 11，78，19　　B. 12，77，10　　C. 12，80，10　　D. 11，77，19

28. 为解决某一特定问题而设计的指令序列称为（　　）。

A. 语言　　　　　B. 文档　　　　　C. 程序　　　　　D. 系统

29. 为了实现自动处理，需要计算机具有的基础条件是（　　）。

A. 高速度与高精度　　　　　　　　　　B. 可靠性与实用性

C. 存储程序　　　　　　　　　　　　　D. 联网能力

30. 在计算机领域，信息实际上是指（　　）。

A. 基本数据　　　B. 数值数据　　　C. 非数值数据　　　D. 处理后的数据

31. 计算机进行数值计算时的高精度主要取决于（　　）。

A. 计算速度　　　B. 内存容量　　　C. 字长　　　D. 应用软件

32. 计算机最主要的工作特点是（　　）。

A. 高速度与高精度　　　　　　　　　　B. 存储程序与自动控制

C. 有记忆能力　　　　　　　　　　　　D. 高可靠性

33. 数据是信息的载体，它的不同形式有数值、文字、声音、图形和（　　）。

A. 多媒体　　　　B. 表达式　　　　C. 函数　　　　D. 图像

34. 构成计算机物理实体的部件称为（　　）。

A. 计算机系统　　B. 计算机程序　　C. 计算机硬件　　D. 计算机软件

35. 计算机系统中用来保存程序和数据，以及运算的中间结果和最后结果的设备是（　　）。

A. RAM　　　　　B. ROM　　　　　C. ROM 和 RAM　　D. 内存和外存

36. 对输入计算机中的某种非数值型数据用二进制数来表示的转换规则称为（　　　）。

A. 编码　　　　　B. 数制　　　　　C. 校验　　　　　D. 编译

37. ASCII 码可以表示的字符个数是（　　　）。

A. 127　　　　　B. 128　　　　　C. 255　　　　　D. 256

38. ROM 中的信息是（　　　）。

A. 由计算机制造厂预先写入的

B. 在计算机通电启动时写入的

C. 根据用户需求，由用户自己随时写入的

D. 由程序临时写入的

39. 键盘一般分为 4 个区，其中 Shift 为换档键，它的位置在（　　　）。

A. 主键盘区　　　B. 功能键区　　　C. 编辑键区　　　D. 小键盘区

40. 下列关于磁盘格式化的叙述中，正确的一项是（　　　）。

A. 磁盘经过格式化后，就能在任何计算机系统上使用

B. 新磁盘不进行格式化也可以使用，但进行格式化后磁盘的读写数据速度快了

C. 新磁盘必须进行格式化后才能使用，对旧磁盘进行格式化将删除磁盘上原有的内容

D. 磁盘只能进行一次格式化

41. 固定在计算机主机箱内起到连接和固定计算机各种部件的桥梁和纽带作用的是（　　　）。

A. 电源线　　　　B. 内存　　　　　C. 主板　　　　　D. 数据线

42. 计算机显示器画面的清晰度取决于显示器的（　　　）。

A. 亮度　　　　　B. 色彩　　　　　C. 分辨率　　　　D. 图形的质量

43. 利用计算机对指纹进行识别、对图像和声音进行处理属于的应用领域是（　　　）。

A. 科学计算　　　B. 自动控制　　　C. 辅助设计　　　D. 信息处理

44. 频繁的存储和删除文件、安装和卸载程序会影响系统性能，这是因为（　　　）造成的。

A. 磁盘空间不多　　　　　　　B. 硬盘碎片太多

C. CPU 越来越慢　　　　　　　D. 内存消耗太大

45. 在 Windows 中，回收站实际上是（　　　）。

A. 一块内存区域　　　　　　　B. 硬盘上的一个文件夹

C. 一个文档　　　　　　　　　D. 一个应用程序

46. 计算机操作系统的功能是（　　　）。

A. 处理机管理、存储器管理、设备管理和文件管理

B. 磁盘管理、设备管理和文件管理

C. 运算器管理、控制器管理、打印机管理和磁盘管理

D. 程序管理、文件管理、编译管理和设备管理

47. TCP/IPV4 协议中 IP 地址由一组（　　）的二进制数字组成。

A. 8 位　　　　　B. 16 位　　　　　C. 32 位　　　　　D. 64 位

48. 局域网的英文缩写是（　　）。

A. LAN　　　　　B. WAN　　　　　C. DAN　　　　　D. Internet

49. HTTP 是一种（　　）。

A. 域名　　　　　B. 传输协议　　　　　C. 网址　　　　　D. 编程语言

50. 在计算机网络中，通常把提供并管理共享资源的计算机称为（　　）。

A. 网关　　　　　B. 工作站　　　　　C. 服务器　　　　　D. 路由器

51. 下列 IP 地址中有效的是（　　）。

A. 192.168.0.67　　　　　　　　　B. 202.38.276.9

C. 163.96.168.245　　　　　　　　D. 121.232.99

52. 互联网为每个网络和每台主机都分配唯一的地址，该地址由纯数字并用小数点分隔开，称为（　　）。

A. WWW 服务器地址　　　　　　　B. TCP 地址

C. IP 地址　　　　　　　　　　　D. WWW 客户机地址

53. 通常在打开文本文件 AA.txt 时，计算机首先会启动（　　）。

A. 写字板　　　　B. 记事本　　　　C. 画图程序　　　　D. Word

54. 下列扩展名中（　　）是"画图"程序默认的保存文件类型。

A. txt　　　　　B. docx　　　　　C. xlsx　　　　　D. bmp

二、填空题

1. 计算机系统由硬件系统和（　　）两部分组成。

2. 中央处理器主要包含（　　）和（　　）两个部件。

3. 只读存储器简称为（　　），随机存储器简称为（　　）。

4. 存储器根据其能否与 CPU 直接交换信息，可分为（　　）和（　　）两种。

5. 计算机软件系统根据其用途可分为系统软件和（　　）。

6. 二进制数 01100011 转换为十进制数是（　　），转换为八进制数是（　　），转换为十六进制数是（　　）。

7. 将十进制数 36 转换成八进制数是（　　）。

8. 八进制数 162 对应的二进制数是（　　）、十进制数是（　　）。

9. 十六进制数 8AB9 的二进制表示形式为（　　）。

10. 字符串 00011000，当把它视为二进制数时，其值为十进制数（　　）；但作为 2 位 BCD 码时，其值为十进制数（　　）。

11. 字长 4 个字节，正确含义是一次能处理（　　）位二进制代码。

12. 台式机键盘通常由（　　）、（　　）、（　　）和（　　）4 个区组成。

13. 在数字键和其他键上有上下两个字符，上面的字符称为上档字符，输入上档字符是需要按住（　　）键再按相应的字符所在的键。

14. Windows 将一些外部设备当作文件处理，这些和设备相关的文件称为（　　）。

15. 在计算机的性能指标中，反映其存储性能的指标有（　　）和（　　）。

16. 计算机中字符表示最广泛使用的编码是（　　）。

17. 用 4 位二进制数来表示 1 位十进制数中的 0～9 这 10 个数码，简称（　　）。

18. 磁盘（机械硬盘）存储信息是按磁道和（　　）进行的。

19. 硬盘在使用之前，需要对其进行低级格式化、分区和（　　）。

20.（　　）文件系统支持单个文件可以大于 4 GB。

21. 计算机硬件最小系统由电源、主板和（　　）组成。

22. 显示器分辨率 1440×900 的含义是：屏幕上水平方向有（　　）个像素点，垂直方向有（　　）个像素点。

23. 当打开多个程序窗口时，可以使用组合键（　　）进行多个任务的切换。

24. 路由器通常是有（　　）个不同的 IP 地址，连接不同网络的设备。

25. TCP/IPV4 协议规定 IP 地址采用（　　）位二进制数编码，每 8 位一组，每组换算成十进制数，称为点分十进制数表示形式。

26. WiFi 是可以将计算机、手机等接入网络的技术，采用的是（　　）传输方式。

27. 8 个字节含有（　　）个二进制位。

三、判断题

1. 计算机硬件系统的基本功能是接受计算机程序，并在程序控制下完成数据输入和数据输出任务。（　　）

2. 把计算机的各个配件组装在一起，而没有装上任何软件叫"裸机"。（　　）

3. CPU 能直接访问存储在内存中的数据，也能直接访问存储在外存中的数据。（　　）

4. 计算机中用来表示存储容量大小的基本单位是字节。（　　）

5. ROM 中的信息只能读出，不能写入，即使计算机突然断电其存储的数据也不会丢失。（　　）

6. 计算机"运算速度"的含义是指 CPU 每秒钟能执行多少条。（　　）

7. 字长 64 位的计算机是指能计算 64 位十进制数的计算机。（　　）

8. 外存储器中的信息不可以直接进入 CPU 处理。（　　）

9. 计算机存储器的最小存储单元是一个二进制位。（　　）

10. 在计算机中采用二进制是因为二进制的运算简单且容易实现。（　　）

11. 程序必须送到主存储器中，计算机才能执行相应的指令。（　　）

12. ASCII 码是计算机中普遍采用的一种字符编码，由 8 位二进制编码组成，最高位是 0。（　　）

13. 计算机中的所有信息在机器内部的存储形式都是二进制。（　　）

14. 利用大规模集成电路技术把计算机的运算部件和控制部件做在一块集成电路芯片上，人们把这样的芯片叫作 CPU。（　　）

15. 字长是衡量计算机运算速度和精度的主要技术指标之一。（　　）

16. 所有计算机的字长都是固定不变的。（　　）

17. 双核 CPU 是指电脑中有 2 个 CPU。（　　）

18. 文件型病毒传染的对象主要是 .com 和 .cxc 类型的文件。（　　　）

19. 计算机系统的硬件一般由运算器、控制器、存储器、输入设备和输出设备 5 部分组成。（　　　）

20. 微型计算机最早出现在 1946 年。（　　　）

21. 一般情况下，应用软件的安装程序文件通常是 Setup. exe 或 Install. exe。（　　　）

22. 功能键单独使用也可以实现某种操作功能。（　　　）

23. 按下 Windows 徽标键可以打开"开始"屏幕。（　　　）

24. 新购买的硬盘一般需要先分区并格式化再使用。（　　　）

25. 新购买的硬盘进行低级格式化后就能使用。（　　　）

四、简答题

1. 计算机使用二进制有什么优势？

2. 简述内存储器和外存储器的区别。

3. 简述 ROM 和 RAM 的区别。

4. 什么是磁盘格式化？为什么要对磁盘进行格式化？

5. 衡量计算机性能的主要指标有哪些？

6. 名词解释：BIOS。

7. 名词解释：数据。

8. 名词解释：信息。

9. 名词解释：软件。

10. 名词解释：计算机病毒。

第 3 单元　实操训练

实训 1　认识计算机硬件系统

【实训目的】

1. 能识别计算机各个组成部件，会查看各部件的性能参数，了解各部件主要功能。

2. 熟悉计算机硬件系统的组成，掌握拆、装计算机的正确方法和需要注意的事项。

【实训内容】

1. 现场拆卸计算机，展示配置齐全的计算机硬件系统。

2. 识别计算机的各组成部件，登记各部件的技术指标。

3. 连接计算机外部的常用接口。

4. 组装、连接计算机各部件。

5. 注意事项：拆、装计算机前，用手触摸水管、暖气片等金属物，以释放身体携带的静电；拆、装计算机时不要连接电源。

计算机硬件配置清单			
部件名称	部件功能描述	部件品牌型号	属性值
主板			
CPU			
内存(RAM)			
内存插槽			
BIOS 芯片组			
硬盘			
光驱			
显卡			
声卡			
网卡			
网线水晶头			
网卡 MAC 地址			
IP 地址			
子网掩码			
网关			
DNS			
显示器			
键盘			
鼠标			
电源			
主机箱			
操作系统			
文件系统			
计算机名			
工作组			
回收站属性			

【操作步骤】

1. 认识主机与外部设备,如键盘、鼠标、音箱、打印机等。

2. 认识主机外部的接口。拆卸连接主机的各种接头,观察它们的接口,如电源接口、显示器数据线接口、USB 接口、RJ45 网卡接口、音箱接口等。

3. 打开主机箱,拆卸内部的各种部件,仔细观察部件的形状、品牌、接口、性能参数等技术指标,填写配置清单。

4. 按顺序连接各部件,组装计算机。

①将 CPU 安装到主板。

②安装 CPU 散热片及风扇。

③将内存条安装到主板。

④将主板固定到机箱中。

⑤安装机箱电源。

⑥连接主板电源线和机箱内部连线。

⑦安装硬盘和光驱,并连接电源线和数据线。

⑧安装显卡。利用主板集成显卡可省略。

⑨连接外部设备,如键盘、鼠标、显示器、网线,根据需要连接音箱、打印机、扫描仪、摄像头等。

⑩连接机箱电源。检查各个部件是否安装到位,电源线、数据线、信号线是否连接好,主板是否固定牢固,机箱内有无金属遗落物,确认无误后,固定机箱盖,接通电源。

⑪开机,观察显示器显示的硬件信息。

实训 2　创建文本文件并录入文本内容

【实训目的】

1. 熟悉键盘布局,掌握正确击键方法。

2. 能够设置输入法的属性。

3. 掌握录入文本的基本规则,熟练地使用键盘录入文本。

【实训内容】

1. 熟悉中英文输入法的自由切换。

2. 中英文混合输入,特殊符号的输入。

【操作步骤】

1. 打开记事本程序。

2. 练习输入法的自由切换,包括 Ctrl+Shift 组合键,Ctrl+空格组合键,Shift+空格组合键。

3. 练习 CapsLock、Backspace、Delete、Shift、Esc、NumLock 等键的使用。

4. 输入下列文本。

　　苏州园林里都有假山和池沼。假山的堆叠，可以说是一项艺术（Art）而不仅是技术（Technology）。或者是重峦叠嶂，或者是几座小山配合着竹子花木，全在乎设计者和匠师们生平多阅历，胸中有丘壑，才能使游览者攀登的时候忘却苏州城市，只觉得身在山间。至于池沼，大多引用活水（Living Water）。有些园林池沼宽敞，就把池沼作为全园的中心，其他景物配合着布置。水面假如成河道模样，往往安排桥梁。假如安排两座以上的桥梁，那就一座一个样，决不雷同。池沼或河道的边沿很少砌齐整的石岸，总是高低屈曲任其自然。还在那儿布置几块玲珑的石头，或者种些花草：这也是为了取得从各个角度看都成一幅画的效果。池沼里养着金鱼或各色鲤鱼，夏秋季节荷花或睡莲开放，游览者看"鱼戏莲叶间"，又是入画的一景。

　　苏州园林栽种和修剪树木也着眼在画意。高树与低树俯仰生姿。落叶树与常绿树相间，花时不同的多种花树相间，这就一年四季不感到寂寞。开花的时候满眼的珠光宝气，使游览者感到无限的繁华和欢悦，可是没法说出来。

　　苏州园林的设计者和匠师们因地制宜，自出心裁，修建成功的园林当然各不相同。谁如果要鉴赏中国的园林，苏州园林就不该错过。

　　　　　　　　摘编自《苏州园林》。作者：叶圣陶。（因练习需要，内容有改动）

5. 以《苏州园林》为文件名，保存到 E 盘。

参考答案

一、单选题

1. B　2. D　3. A　4. B　5. B　6. A　7. B　8. D　9. B　10. C　11. B　12. B　13. A
14. A　15. B　16. C　17. A　18. B　19. B　20. C　21. B　22. B　23. D　24. D　25. D
26. B　27. D　28. C　29. C　30. D　31. C　32. B　33. D　34. C　35. D　36. A　37. B
38. A　39. A　40. C　41. C　42. C　43. D　44. B　45. B　46. A　47. C　48. A　49. B
50. C　51. A　52. C　53. B　54. D

二、填空题

1. 软件系统　2. 运算器，控制器　3. ROM，RAM　4. 内存储器，外存储器　5. 应用软件　6. 99，143，63　7. 44　8. 1110010，114　9. 1000101010111001　10. 24，18　11. 32　12. 主键盘区，功能键区，光标控制键区，数字键区　13. Shift　14. 设备文件　15. 存储容量，存取速度　16. ASCII 码　17. BCD 码　18. 扇区　19. 高级格式化　20. NTFS　21. CPU　22. 1440，900　23. Alt＋Tab 或 Alt＋Esc　24. 2　25. 32　26. 无线　27. 64

三、判断题

1. √　2. √　3. ×　4. √　5. √　6. ×　7. ×　8. √　9. ×　10. √　11. √　12. √
13. √　14. √　15. ×　16. ×　17. ×　18. √　19. √　20. ×　21. √　22. √　23. √
24. √　25. ×

四．简答题

1．计算机使用二进制有什么优势？

计算机中使用的物理元件都是逻辑部件，这种部件是具有两种状态的电路，故使用二进制的优点是设计容易、运算简单、工作可靠、逻辑性强、实现方便、成本低。

2．简述内存储器和外存储器的区别。

CPU 可以直接读取内存中的数据，计算机常用的或当前正在使用的数据和程序须首先调入内存方可执行，内存容量比外存小，存取速度比外存快，价格贵。

外存储器用于存放暂时不使用的数据和程序，容量比内存大，CPU 读取外存中的数据需要经过内存，外存读取数据速度比内存慢，价格便宜。

3．简述 ROM 和 RAM 的区别。

ROM 和 RAM 都属于内存储器。ROM 固定在主板上，其中的内容由生产商出厂前写入，主要是计算机系统中固定的程序和数据，用户不能修改，计算机只能读取其中的内容，计算机断电后 ROM 存储的内容依然存在。

RAM 通过插槽插在主板上，在计算机断电后存储的内容全部丢失，既可读取又可写入，用户可以根据需要更换 RAM。

4．什么是磁盘格式化？为什么要对磁盘进行格式化？

磁盘格式化包括低级格式化和之后的分区、高级格式化。低级格式化是将空白的磁盘划分出柱面和磁道，再将磁道划分为若干个扇区。低级格式化只能针对一块硬盘。硬盘在出厂时，生产商进行过低级格式化。

高级格式化就是清除硬盘上的数据、生成引导区信息、初始化文件分配表、标注逻辑坏道等。其中，快速格式化仅清掉文件分配表，普通格式化会将硬盘上的所有磁道扫描一遍，清除硬盘上的所有内容。高级格式化可以针对某个分区。

5．衡量计算机性能的主要指标有哪些？

计算机的性能需要软件、硬件各方面相互协调，人们通常用字长、主频和主存容量 3 个主要指标进行衡量。

6．名词解释：BIOS。

BIOS 是被固化于主板上的一块 ROM 芯片中的一组程序，它保存着计算机最重要的基本输入/输出程序、开机后自检程序和系统自启动程序。它可从 CMOS 中读写系统设置的具体信息。

7．名词解释：数据。

数据是存储在某种媒体上能被识别的物理符号。计算机中的数据不仅包括数字、字母、文字和其他特殊字符组成的文本形式的数据，还包括图形、图像、动画、影像、声音等多媒体数据。

8．名词解释：信息。

数据经过加工处理之后，成为对于接收者来说有意义的特定形式，即信息。

9．名词解释：软件。

软件是指在计算机硬件上运行的程序以及开发、使用和维护程序所需要的所有文档的集合。通常将软件系统分为系统软件和应用软件两大类。

10. 名词解释：计算机病毒。

计算机病毒是指"编制或者在计算机程序中插入的破坏计算机功能或者破坏数据，影响计算机使用，并能够自我复制的一组计算机指令或程序代码"。

第2篇

Windows 10 操作系统

第1单元 基本知识点

1. 操作系统基本知识

1.1 操作系统概述

操作系统是最重要的系统软件，它负责管理计算机系统的各种硬件和软件资源，给用户使用计算机提供一个良好的操作界面，从而起到联系用户与计算机的桥梁作用。操作系统负责解释用户对计算机发出的操作命令，使它转换为计算机实际的操作。所以，操作系统是整个计算机系统的控制和管理中心。

常用的操作系统有 Windows 操作系统、UNIX 操作系统和 Linux 操作系统。其中，Windows 操作系统是微软公司开发的具有图形用户界面的多任务操作系统。所谓多任务就是在操作系统环境下用户可以同时运行多个应用程序。Windows 10 操作系统于 2015 年 7 月 29 日发布，是新一代跨平台及设备应用操作系统，涵盖个人计算机、平板电脑、手机、服务器端等。

1.2 认识 Windows 10

1.2.1 "开始"按钮

在 Windows 10 操作系统中，单击"开始"按钮即可打开"开始"屏幕工作界面，其左侧是传统的"开始"菜单，右侧是现代的"动态磁贴"面板。

1.2.2 任务视图

Windows 10 操作系统新增了任务视图功能，也叫"虚拟桌面"，是 Windows 管理窗口的一种措施。当打开的窗口过多，当前桌面不够用时，用户可以创建一个新"桌面"，把多余的窗口用鼠标拖到新"桌面"。单击任务栏中的"任务视图"按钮，能够查看当前运行的程序，用户可以在多个任务之间切换。

1.2.3 智能助理(Cortana)

Cortana 能帮助用户回答问题、查找文件、推送资讯等，实现人机交互。

1.2.4 分屏功能

Windows 10 提供的一项管理多窗口的新功能，俗称"分屏"，它可以方便地对各个窗口进行排列、分割、组合、调整等操作。

使用分屏功能之前，需要对系统进行设置：单击"开始→设置→系统→多任务"，在窗口中把"贴靠"功能的 3 个选项全部打开。进行分屏操作时，直接将窗口拖到桌面相应位置即可。

1.2.5 云存储(OneDrive)

用户使用 Microsoft 账户注册 OneDrive 后可以获得免费云存储空间。

1.2.6 平板电脑模式

Windows 10 提供桌面和平板电脑两种视图模式，以满足系统运行于不同设备之间的兼容性。如果计算机支持平板模式操作，可以让台式计算机的桌面像平板电脑一样使用。在两种模式之间切换的操作方法是，依次单击"开始→设置→系统→平板电脑模式"，在窗口中从"当我登录时"列表框中选择"使用平板电脑模式"。

1.2.7 动态磁贴

应用程序图标可以"粘贴"到开始屏幕界面中，通过它可以快速打开应用程序。此外，应用程序图标作为应用程序的通知窗口，只要计算机保持在线状态，应用程序有内容更新可以通过磁贴直接反映出来，所以又叫动态磁帖。

1.3 Windows 10 安装

Windows 10 操作系统包含 32 位(×86)和 64 位(×64)两个版本。64 位操作系统只能安装在 64 位电脑上(64 位 CPU)，32 位操作系统可以安装在 64 位电脑上(64 位 CPU)或32 位电脑上(32 位 CPU)。32 位操作系统最大支持 3.25 GB 内存，64 位操作系统最大支持 128 GB 内存。安装 Windows 10 系统的磁盘分区需要是 NTFS 格式。目前，Windows 10 的安装有使用光盘安装和使用 U 盘安装两种方式。

2. Windows 10 基本操作

2.1 启动和关闭计算机

2.1.1 启动计算机

在启动计算机之前，首先要确保连接计算机的电源和数据线已经连通，而且计算机正确安装了 Windows 10 系统。按下主机上的电源开关，计算机会自动加载，完成登录。

在 Windows 10 启动过程中，系统会进行自检，包括内存、显卡的检测等，并初始化硬件设备。如果只安装了 Windows 10 系统，计算机直接启动，如果安装了多个操作系统，则会出现操作系统选择菜单，通过选择 Windows 10 启动 Windows 10 操作系统。

如果计算机设置了多个用户账户，会出现选择用户账户界面，选择自己的账户并输入密码后进入 Windows 10 系统桌面。

2.1.2　关闭计算机

计算机使用完毕后，可以采用下面任何一种方式关闭计算机。

方法 1：单击"开始"按钮，在"电源"中选择"关机"命令。

方法 2：右击"开始"按钮，在"关机或注销"中选择"关机"命令。

方法 3：按 Alt＋F4 组合键，在弹出的对话框中选择"关机"，单击"确定"命令。

方法 4：按 Ctrl＋Alt＋Delete 组合键，单击"关机"命令按钮，从中选择"关机"选项。

关于关闭计算机相关选项的说明如下。

①切换用户。计算机用户账户中同时存在两个及两个以上用户时，允许另一个用户登录计算机，此时系统不关闭原来用户的设置和应用，前一个用户的操作依然被保留在计算机中，其请求不会被清除，一旦计算机又切换到前一个用户，他仍能继续操作。多个用户可以互不干扰地使用计算机。

②注销。系统关闭当前用户的账户，清除其注册表信息和缓存空间，但不关闭其他用户的进程和电源，显示登录界面，等待新的用户登录系统。

③关机。系统关闭全部应用程序，释放临时占用的磁盘空间，保存用户更改的系统设置，退出运行状态，关闭电源。

④重启。保存用户更改的系统设置，将当前内存中的信息保存到硬盘中，先关闭计算机，再启动计算机。这种方式适用于切换不同操作系统或不同用户。

⑤睡眠。在计算机睡眠时，内存中的数据将被保存到硬盘上，切断除内存以外的所有设备的供电，当从睡眠状态转入正常状态时，系统将继续从内存中保存的状态运行。

⑥锁定。切断除内存以外的所有设备的供电，系统中运行着的所有数据依然被保存在内存中。

在操作过程中，有时计算机对键盘和鼠标的操作都不会出现任何反应，这种现象称为"死机"。

2.2　桌面的基本操作

Windows 10 启动后显示的整个屏幕称为桌面。桌面的组成元素主要包括桌面背景、桌面图标、"开始"按钮和任务栏。

2.2.1　桌面背景

桌面背景是指 Windows 10 桌面背景图案，也称为壁纸。桌面背景可以是纯色、图片或幻灯片。

2.2.2　桌面图标

在 Windows 10 系统中，所有的文件、文件夹和应用程序等都由相应的形象化图形标志表示，该图形标志称为图标。图标一般由图形和文字组成，图形是它的标识符，文字说明图标的名称或功能。根据需要，用户可以更改图标的标识和名称。

双击桌面图标可以打开相应的文件、文件夹或应用程序。若要快速打开应用程序，可以将它的图标固定到任务栏。

初次运行 Windows 10 系统时，桌面上只有"回收站"一个系统图标，用户可以添加"计算机""网络"等系统图标。

2.2.3 "开始"按钮

Windows 10 系统为了兼顾个人计算机和平板电脑用户，使用"开始"屏幕取代"开始"菜单。单击桌面左下角的"开始"按钮，即可弹出"开始"屏幕界面，它的左侧是传统的"开始"菜单，主要由用户名、最常用程序列表和固定程序列表组成。固定程序列表中包含了文件资源管理器、设置、电源和所有应用等选项。电源按钮主要用来对操作系统执行关闭操作，包括睡眠、关机和重启 3 个选项。右侧是现代的"动态磁贴"面板。动态磁贴既有图形又有文字，实际上是应用程序的快捷方式图标。计算机在线情况下，只要将应用程序的动态磁贴功能开启，就可以及时更新信息与了解最新动态。

2.2.4 任务栏

任务栏是位于桌面底部的长条区域，主要功能是快速启动应用程序、显示用户打开的程序窗口的对应按钮、对窗口进行预览和切换、查看运行中的应用程序及系统音量、日期和时间。任务栏主要由"开始"按钮、搜索框、任务视图、应用程序区域（快速启动区域）、通知区域和"显示桌面"按钮组成。

2.3 窗口的基本操作

在 Windows 系统中，窗口是屏幕上与一个应用程序对应的矩形工作区域，是用户与产生该窗口的应用程序之间的可视界面。Windows 以窗口的形式管理各类项目，每个应用程序或文件都有自己的窗口，一个窗口代表着正在执行的一种操作。图 2-1 为文件资源管理器窗口。

图 2-1 文件资源管理器窗口

　　一般来说，窗口的类型大致可以分为文件夹窗口和应用程序窗口。文件夹窗口主要用于显示所包含的文件和文件夹，如"此电脑"窗口、"搜索"窗口和"文件资源管理器"窗口等。Windows 10 把它们集成在一起，"此电脑"窗口和"文件资源管理器"窗口经过设置可以互相转换。

　　一个标准的窗口由标题栏、菜单栏、工具栏、地址栏、主窗口区、滚动条、状态栏等几部分组成。其中，标题栏左侧有一个软件图标（又叫控制菜单按钮），右侧包含最小化、最大化及关闭 3 个控制按钮。

2.3.1　打开和关闭窗口

　　用户运行某个应用程序时，应用程序就创建并显示一个窗口。打开窗口的常用方法有两种，分别是利用"开始"屏幕和桌面图标。以图 2-2"计算机管理"窗口为例，介绍关闭窗口的几种方法。

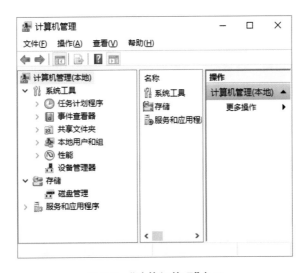

图 2-2　"计算机管理"窗口

　　方法 1：利用菜单命令。在"计算机管理"窗口中，单击"文件"，在弹出的菜单中选择"退出"命令。

　　方法 2：利用关闭按钮。单击"计算机管理"窗口标题栏右侧的"关闭"按钮，即可关闭窗口。

　　方法 3：利用软件图标。单击窗口标题栏左侧的"计算机管理"图标，在弹出的菜单中选择"关闭"命令。

　　方法 4：利用标题栏。右击窗口标题栏空白处，在弹出的菜单中选择"关闭"命令。

　　方法 5：利用任务栏。右击任务栏上的"计算机管理"，在弹出的菜单中选择"关闭窗口"命令。

　　方法 6：利用键盘组合键。在"计算机管理"窗口上按 Alt＋F4 组合键，即可关闭窗口。

2.3.2　移动窗口

　　活动窗口处于非最大化状态时，将鼠标指针移动到标题栏，按下鼠标左键并拖动窗口到需要的位置，松开鼠标，即完成窗口位置的移动。

2.3.3 调整窗口大小

活动窗口处于非最大化状态时，单击标题栏右侧的"最大化"按钮，可以将窗口扩展到整个屏幕，此时"最大化"按钮变成"还原"按钮，单击该按钮，即可将窗口还原到原来的大小。另外，把鼠标指针移动到窗口边框或四角，指针变成双向箭头时，按下鼠标左键并拖动窗口到合适的大小，松开鼠标，即完成窗口大小的调整。

2.3.4 切换窗口

在 Windows 10 系统中，可以同时打开多个窗口，但是只能有一个活动窗口。用户可以根据需要在各个窗口之间进行切换操作。

方法 1：利用任务栏上的软件图标按钮。

将鼠标指针指向任务栏软件图标按钮区，可以看见打开窗口的预览窗口，单击需要的窗口，可以使其成为活动窗口。

方法 2：利用 Alt＋Tab 组合键。

按 Alt＋Tab 组合键，屏幕上会弹出预览窗口，按住 Alt 键不放，重复按 Tab 键，可以在不同的窗口之间进行切换，当切换到需要的窗口时，松开 Alt 键可以显示所选的窗口。

方法 3：利用 Alt＋Esc 组合键。

按住 Alt 键，然后重复按 Esc 键，可以在各个程序窗口之间依次切换，选择需要的窗口。

方法 4：利用任务视图按钮。

单击任务栏中的任务视图按钮，可以看见打开窗口的预览窗口，单击需要的窗口，可以使其成为活动窗口。

2.3.5 显示窗口

如果打开了多个窗口，用户可以通过设置窗口的显示，对窗口进行排列。在任务栏的空白处右击，在弹出的快捷菜单中有"层叠窗口""堆叠显示窗口""并排显示窗口"3 种方式，根据需要选择一种排列方式。

2.4 系统设置

Windows 10 系统允许用户根据自己的习惯对桌面背景、桌面图标、任务栏、显示属性、屏幕保护等项目进行个性化设置，以便体现用户的个性和方便日常操作。

2.4.1 设置桌面背景和主题色

右击桌面空白处，在弹出的快捷菜单中选择"个性化"，在"设置"窗口中可以进行桌面背景和主题颜色设置。Windows 10 系统提供图片、纯色、幻灯片放映 3 种样式供用户选择作为桌面背景。用户可以从"颜色"列表中选择一种主题色，也可以从桌面背景中自动选取一种主题色。

2.4.2 设置桌面图标

（1）添加常用的系统图标

在桌面空白处右击，依次选择"个性化→主题→桌面图标设置"，在对话框中选择需要添加的系统图标复选框，单击"确定"命令按钮，如图 2-3 所示。在对话框中，还可以更改图标的标识。

图 2-3　添加常用的系统图标

（2）添加桌面快捷图标

Windows 10 系统允许将文件、文件夹和应用程序的图标添加到桌面，方便用户使用。此类图标左下角有一个小箭头，称为快捷图标。

右击文件或文件夹，在弹出的快捷菜单中依次选择"发送到→桌面快捷方式"，此文件或文件夹图标就添加到了桌面。

添加应用程序图标到桌面时，按住鼠标左键将其拖到桌面即可完成操作。

（3）设置图标大小和排序方式

在桌面空白处右击，选择"查看"，子菜单中显示"大图标、中等图标、小图标"，根据需要从中选择一种。

在桌面空白处右击，选择"排序方式"，子菜单中显示"名称、大小、项目类型、修改日期"，根据需要选择其中之一。

2.4.3　计算机的显示设置

（1）设置屏幕分辨率

分辨率是指屏幕所支持的像素数量，它决定了屏幕上显示的文本和图像的清晰程度。屏幕分辨率越高，在屏幕上显示的信息越多，画面就越逼真。用户在调整分辨率时，要注意显卡是否支持高分辨率。

在桌面空白处右击，依次选择"显示设置→显示→高级显示设置"，从"分辨率"列表框中选择合适的分辨率，单击"应用"命令按钮。

（2）设置屏幕刷新频率

刷新频率是指显示器的整个图像区域每秒刷新的次数，刷新频率太低，屏幕会出现闪烁。

设置"刷新频率"时，在桌面空白处右击，依次选择"显示设置→显示→高级显示设置→显示适配器属性→监视器"，从"屏幕刷新频率"列表框中选择合适的刷新频率，单击"确定"命令按钮。

（3）设置锁屏界面

Windows 10 系统的锁屏功能主要用于保护计算机的隐私，又可以在不关机的情况下省电。锁屏使用的图片称为锁屏界面。同时按下 Win+L 组合键，就可以锁屏。

设置"锁屏界面"时，在桌面空白处右击，依次选择"个性化→锁屏界面"，从"背景"列表框中选择合适的图片或幻灯片，打开"在登录屏幕上显示锁屏界面图片背景图片"。

（4）设置屏幕超时

按 Win+X 组合键或单击"开始→设置"，打开"设置"应用程序面板。选择"个性化→锁屏界面→屏幕超时设置"，根据实际需要，对"电源和睡眠"所属的"屏幕"和"睡眠"分别进行设置，如设置 5 分钟后进入屏幕超时，或电脑进入睡眠状态，然后关闭退出。

（5）设置屏幕保护程序

屏幕保护程序为移动的图片或图案，在指定的一段时间内没有使用鼠标或键盘时它就会出现在屏幕上，用于保护显示器或增强计算机的安全性。

设置"屏幕保护程序"时，在桌面空白处右击，依次选择"个性化→锁屏界面→屏幕保护程序"，从"屏幕保护程序"列表框中选择合适的样式，设定"等待"时间，单击"确定"命令按钮。

2.4.4 设置任务栏

任务栏在默认情况下显示在桌面的底部，用户可以根据自己的需要移动任务栏的位置到桌面的上边、左边和右边，也可以调整任务栏的大小，还可以锁定任务栏、合并任务栏。右击"任务栏"空白处，在弹出的快捷菜单中可以对任务栏进行其他相关设置，如是否显示"任务视图"按钮、Cortana 的显示形式及"通知区域"显示哪些图标等。

此外，用户可以设置将哪些程序固定到任务栏，方便用户快速启动。对不常用的应用程序，也可以"从任务栏取消固定"。

3. Windows 10 文件和文件夹的管理

3.1 认识文件和文件夹

3.1.1 文件

文件是保存在存储介质中的相关信息的集合，是 Windows 中最基本的存储单位，它包含文本、图像及数值数据等信息。在 Windows 中，文件由文件图标和文件名来表示。其中，文件图标表示文件的种类，如应用程序、文档等，都有不同的图标。

3.1.2 Windows 系统的文件命名规则及注意事项

文件的具体命名规则，在各个操作系统中不尽相同。Windows 系统约定如下。

①文件名包括主文件名和扩展名。扩展名用以表示文件类型和创建此文件的应用程序。

②文件名不得超过 255 个字符(包括文件名和扩展名在内)。

③文件名可以包含除 \ / ： * ? "<> | 之外的字符。

④文件名不区分大小写,但区分半角和全角,显示时可以保留大小写格式。

⑤文件名除了开头之外任何地方都可以使用空格。

⑥文件名中可以包含多个间隔符。

⑦在同一个文件夹中不能有两个名字相同的文件。

⑧正在编辑使用的文件不能进行重命名。

⑨被保留的设备名称不能被用来作为文件名,如 con,com,prn,aux 等。

3.1.3　文件的类型

可以从不同的角度对文件进行分类,每类文件根据扩展名又分为若干具体的类型。

①程序文件又叫应用程序,由可执行的代码组成,可以自主运行,其扩展名一般为".exe"或".com"及".bat"。

②数据文件又叫文档,是由应用程序生成(或创建)的文件,如纯文本文件(文本文档)、Word 文档、音频文件等。

③设备文件。为了统一管理和方便使用,在 Windows 中,设备是被当作文件来操作的。因此,在文件资源管理器和文件夹中,如不特别指明,文件是指程序文件、数据文件、设备显示的任何形式的文件。

3.1.4　文件夹

文件夹是存放文件的"容器",以图形界面(图标)呈现给用户。用户在使用计算机时,一般要建立自己的一个或多个文件夹,通过将不同的文件保存在相应的文件夹中,可以方便、快捷地查找文件。Windows 操作系统可以逐层创建文件夹。

文件夹的命名规则与方法和文件相同,但没有扩展名。

3.2　"此电脑"和"文件资源管理器"

在 Windows 10 系统中,通过"此电脑"或"文件资源管理器"可以查看和管理几乎所有的计算机资源。

3.2.1　此电脑

"此电脑"是一个系统文件夹,其中存放着计算机系统的各种资源。在桌面上双击"此电脑"图标,可以打开"此电脑"窗口,如图 2-4 所示。窗口中显示计算机的磁盘列表、网络、控制面板及回收站等。利用"此电脑"可以对计算机的硬件设备和系统资源进行管理和访问。

3.2.2　文件资源管理器

Windows 10 系统的文件资源管理器是管理计算机资源的应用程序。文件资源管理器把"此电脑""网络""控制面板"和"回收站"等资源集成在一个窗口,运行文件资源管理器可以打开"快速访问"或"此电脑"。在"文件资源管理器"窗口中,修改"查看"选项卡中的设置："选项→文件夹选项→常规→打开文件资源管理器时打开→此电脑→确定"，则打开文件资源管理器时呈现"此电脑"窗口。

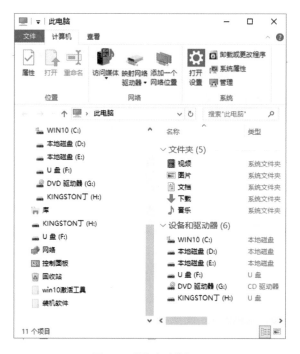

图 2-4 "此电脑"窗口

3.3 文件和文件夹的操作

文件和文件夹的基本操作包括创建文件或文件夹、打开与关闭文件或文件夹、复制与移动文件或文件夹、删除与还原文件或文件夹、重命名文件或文件夹等。以下以文件的操作进行说明。

3.3.1 创建文件

创建文件有多种方法。

方法 1：启动应用程序时系统会自动创建一个文件。

方法 2：在程序窗口中，按 Ctrl＋N 组合键可以创建一个新的文件。

方法 3：在程序窗口中，单击"文件→新建"，可以创建一个新的文件。

方法 4：在程序窗口中，单击快速访问工具栏中的"新建"按钮，可以创建一个新的文件。

方法 5：在文件夹窗口的空白处右击，从快捷菜单中选择"新建"命令，可以创建一个新的文件。

3.3.2 打开与关闭文件

对已经存在的文件进行编辑，需要先打开此文件。打开文件常用的方法有：

方法 1：双击要打开的文件。

方法 2：右击要打开的文件，从快捷菜单中选择"打开"命令。

方法 3：在程序窗口中按 Ctrl＋O 组合键，选择要打开的文件。

方法 4：在程序窗口中单击"文件→打开"，选择要打开的义件。

关闭文件一般使用标题栏右侧的"关闭"按钮或"文件"中的"关闭"命令，也可以使用控制菜单或组合键 Alt＋F4。如果对文件进行了修改没有及时保存，还会出现提示对话框。

3.3.3　复制文件

复制文件的方法有以下几种。

方法 1：选择要复制的文件，按住 Ctrl 键拖动到目标位置。

方法 2：选择要复制的文件，使用组合键 Ctrl＋C 和 Ctrl＋V。

方法 3：选择要复制的文件，按住鼠标左键拖动到目标位置（不同驱动器之间）。

方法 4：右击要复制的文件，从快捷菜单中选择"复制"命令，然后粘贴到目标位置。

方法 5：右击要复制的文件，从快捷菜单中选择"发送到"命令，可以将文件复制到移动磁盘。

方法 6：在文件资源管理器窗口中，选择要复制的文件，依次单击"主页→组织→复制到"命令。

3.3.4　移动文件

移动文件常用的方法有以下几种。

方法 1：右击要移动的文件，从快捷菜单中选择"剪切"命令，然后"粘贴"到目标位置。

方法 2：选择要移动的文件，使用组合键 Ctrl＋X 和 Ctrl＋V。

方法 3：选择要移动的文件，直接拖动到目标位置（同一驱动器之间）。

方法 4：选择要移动的文件，按住 Shift 键拖动到目标位置（不同驱动器之间）。

方法 5：在文件资源管理器窗口中，选择要移动的文件，依次单击"主页→组织→移动到"命令。

3.3.5　删除与还原文件

删除文件常用的方法有以下几种。

方法 1：选择要删除的文件，按 Delete 键。

方法 2：右击要删除的文件，从快捷菜单中选择"删除"命令。

方法 3：选择要删除的文件，用鼠标直接拖动到"回收站"。

方法 4：在文件资源管理器窗口中，选择要删除的文件，依次单击"主页→组织→删除"命令。

上述"删除"操作只是将文件移入"回收站"，并没有从此盘上清除，如果还需要使用，可以从"回收站"中还原。如果需要彻底删除，可以使用 Shift＋Delete 组合键。如果删除的文件太大，"回收站"容不下，进行"删除"操作时将彻底删除文件。如果设置了回收站属性，"不将文件移到回收站中，移除文件后立即将其删除"，进行"删除"操作时文件将被彻底删除。

3.3.6　重命名文件

更改文件名称常用的方法有以下几种。

方法 1：右击要更名的文件，从快捷菜单中选择"重命名"命令，输入新的文件名。

方法 2：两次单击要更名的文件，输入新的文件名。

方法 3：单击要更名的文件，按 F2 键，输入新的文件名。

方法 4：在文件资源管理器窗口中，选择要重命名的文件，依次单击"主页→组织→重命名"命令，输入新的文件名。

更改文件名时，有时会出现提示对话框，可能的原因有以下几种情况。

①文件名使用了系统禁用的字符。

②文件夹中存在同名的文件。

③文件已经打开，处于编辑状态。

④修改了文件的扩展名，此时可能导致文件不能使用。

⑤文件设置了"拒绝"编辑权限，操作者没有权限修改。

4. Windows 10 应用程序管理

应用程序是可以自主运行的文件，分为 DOS 应用程序和 Windows 应用程序。Windows 应用程序又分为 32 位应用程序和 64 位应用程序。

4.1 安装与卸载应用程序

应用程序需要安装到计算机中才能使用。多数软件其安装文件所在的文件夹下都有 Setup. exe 文件，运行该文件，然后按照屏幕上的提示逐步操作，即可完成软件的安装。应用程序一般安装在 C 盘。

基于 Windows 的应用程序一般都有卸载程序，在"开始"菜单中找到要卸载的应用程序，单击鼠标右键，从弹出的快捷菜单中选择"卸载"即可将其从计算机中移除。在"控制面板"中单击"程序和功能"命令，从窗口中选择要卸载的程序，单击"卸载"按钮，可以将其从计算机中移除。使用专门的工具软件，如卸载大师、电脑管家等，可以卸载各种应用程序。

4.2 启动和关闭应用程序

4.2.1 启动应用程序

启动应用程序有多种方法，可以从"开始"屏幕中直接启动应用程序，也可以双击桌面上的快捷方式启动应用程序，还可以通过关联文件启动应用程序。另外，可以在"运行"对话框中直接运行可执行程序。

4.2.2 关闭应用程序

在完成工作之后，应关闭应用程序以释放所占用的系统资源。可采用下列方法关闭应用程序。

方法 1：选择"文件→退出"命令。

方法 2：单击程序窗口标题栏右侧的"关闭"按钮。

方法 3：选择控制菜单中的"关闭"命令。

方法 4：按 Alt＋F4 组合键，可快速关闭当前应用程序。

在关闭应用程序时，如果尚未保存对文件的修改，应用程序会出现提示对话框，询问在退出之前是否要保存文件。

4.3　添加和删除输入法

4.3.1　添加输入法

安装输入法之后，如果没有显示在输入法列表中，需要添加该输入法。

单击"开始→控制面板→语言→中文选项→输入法→添加输入法"，选择需要添加的输入法，单击"添加"按钮，然后保存。

4.3.2　删除输入法

删除输入法的操作过程如下。

单击"开始→控制面板→语言→中文选项→输入法"，单击需要删除的输入法右侧的"删除"按钮，然后保存。

5. 用户账户管理

5.1　创建用户账户

5.1.1　添加本地账户

本地账户就是自己在计算机上建立的账户。账户配置信息只保存在本机，在重装系统、删除账户时会彻底消失。本地账户无权访问应用商店、OneDrive 等。

右击桌面上的"此电脑"图标，在"计算机管理"对话框中单击"本地用户和组"，选择"用户"，在右侧窗格空白处右击，选择"新用户…"，在对话框中输入用户名和密码，单击"创建"，然后关闭对话框。

5.1.2　创建 Microsoft 账户

Microsoft 账户是在微软注册的账户，以电子邮件为账户名称，账户配置信息保存在OneDrive，在重装系统、删除账户时并不会删除账户配置信息。Microsoft 账户可以在多台设备上登录。

创建 Microsoft 账户的方法如下。

第一步，登录 https：//login.live.com/，如图 2-5 所示。

图 2-5

第二步，在"登录"对话框中单击"创建一个"，出现"创建账户"对话框，如图 2-6 所示。

创建帐户

Microsoft 帐户会开启很多权益。

someone@example.com

创建密码

☑ 向我发送来自 Microsoft 的促销电子邮件

下一步

改为使用电话号码

获取新的电子邮件地址

选择"下一步"即表示你同意 Microsoft 服务协议和隐私和 Cookie 声明。

图 2-6

第三步，在对话框中输入账户信息，单击"下一步"按钮，出现"添加详细信息"对话框，如图 2-7 和图 2-8 所示。输入完信息后，单击"下一步"按钮。

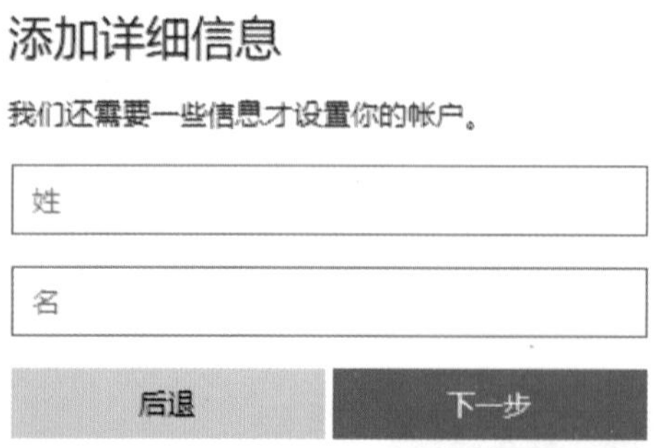

添加详细信息

我们还需要一些信息才设置你的帐户。

姓

名

后退　　下一步

■■ Microsoft

添加详细信息

我们还需要一些信息才设置你的帐户。

国家/地区

中国　　▼

出生日期

1999　▼　　1月　▼　　13日　▼

后退　　下一步

图 2-7 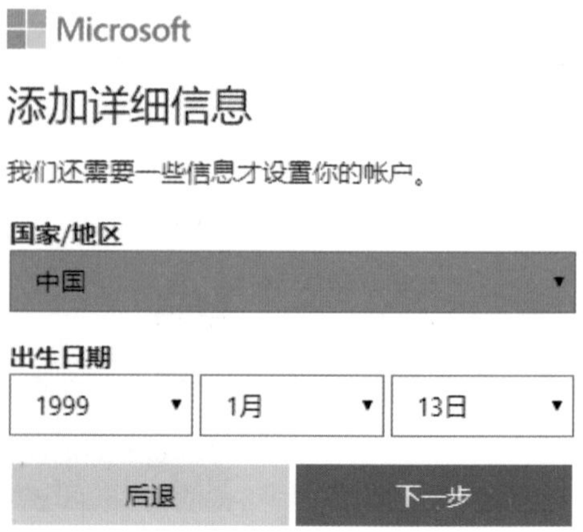　　　　　　　　　　　　　　　　图 2-8

第四步，输入微软发送的代码，按提示完成操作，如图 2-9 所示。

图 2-9

5.2　管理用户账户

以管理员身份登录计算机，可以管理计算机中创建的标准账户，如更改账户名称、密码、类型及删除账户等。操作过程如下。

单击"开始→控制面板→用户账户→管理其他账户"，选择需要管理的账户，如 ceshi，如图 2-10 所示，根据需要进行修改。

图 2-10

如果需要对自己的账户信息进行修改，可以按如下操作进行。

单击"开始→控制面板→用户账户→在电脑设置中更改我的账户信息"，选择"登录选项"，设置密码、PIN、图片密码、锁屏界面及隐私等账户信息。

6. Windows 10 磁盘管理

计算机使用一段时间后，磁盘总会出现这样或那样的问题，如产生磁盘碎片、磁盘上留存许多临时文件或已经没用的程序等，这些磁盘碎片或残留文件不但占用磁盘空间，而且会影响系统的整体性能，因此需要定期对磁盘进行管理。在图 2-11 和图 2-12 所示的对话框中，可以完成管理磁盘的各项操作。

图 2-11

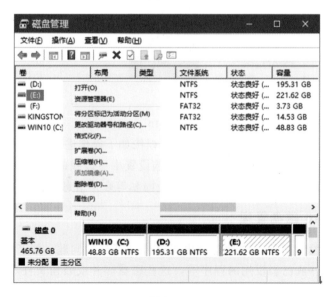

图 2-12

6.1　磁盘清理

磁盘清理可以清除掉没用的临时文件、Internet 缓存文件和不需要的文件、程序，释放磁盘空间。进行磁盘清理常用以下 3 种方法，以 E 盘为例，具体操作如下。

方法 1：右击"开始"按钮，依次选择"磁盘管理→E 盘→文件→选项→删除文件→确定"。

方法 2：在文件资源管理器窗口中右击 E 盘，在快捷菜单中依次单击"属性→常规→磁盘清理→E 盘→确定→磁盘清理"选项卡，指定要删除的文件，单击"确定"，可以删除指定的文件。如果在"磁盘清理"对话框中选择"其他选项"选项卡，可以卸载系统中已安装的程序。

方法 3：按 Win＋R 组合键打开"运行"对话框，输入"cleanmgr"命令，单击"确定"按钮，在"磁盘清理"对话框中选择 E 盘，单击"确定"按钮，选择要删除的文件，单击"确定"，删除文件。

6.2　磁盘检查

在"文件资源管理器"窗口中右击 E 盘，在快捷菜单中依次单击"属性→工具→检查→扫描驱动器"，单击"关闭"按钮及"确定"按钮，即可完成磁盘检查。

6.3　磁盘碎片整理

在"文件资源管理器"窗口中右击 E 盘，在快捷菜单中依次单击"属性→工具→优化"，完成后单击"关闭"按钮及"确定"按钮，即可完成磁盘碎片整理。

6.4　磁盘安全设置

在"文件资源管理器"窗口中右击 E 盘，在快捷菜单中依次单击"属性→安全→编辑"，设置"允许"或"拒绝"选项，单击"确定"按钮。

6.5　规划磁盘

6.5.1　格式化磁盘

在"文件资源管理器"窗口右击 E 盘，在快捷菜单中选择"格式化"，选择"文件系统"为 NTFS，单击"开始→确定→关闭"按钮。另外，在如图 2-12 所示的"磁盘管理"对话框中也可以对指定的磁盘进行格式化。

6.5.2　调整磁盘分区容量

在如图 2-12 所示的"磁盘管理"对话框中，通过"删除卷""扩展卷""添加镜像"等操作，可以将两个分区进行合并。

提示：两个相邻的分区才可以合并，并且两个分区类型应当相同，如都是主分区或者都是逻辑分区。

6.5.3　更改驱动器号

在如图 2-12 所示的"磁盘管理"对话框中，选择"更改驱动器号和路径…"，单击"更改"选项，选择新的驱动器号，然后确定即可。

6.6 回收站的管理

6.6.1 设置回收站

回收站是硬盘中的一块空间,用来存储从硬盘删除的文件。Windows 系统为每个分区或硬盘分配一个回收站,允许用户设置不同分区、磁盘各自回收站的容量。

在桌面上右击回收站,依次选择"属性→常规→E 盘→自定义大小",修改文本框中的值,单击"确定"按钮。

6.6.2 从回收站还原文件

在桌面上双击"回收站"图标,打开回收站,右击要"还原"的文件,选择快捷菜单中的"还原"选项。

6.6.3 永久删除回收站中的文件

在桌面上双击"回收站"图标,打开回收站,使用 Delete 键或右击要永久删除的文件,选择快捷菜单中的"删除"选项。

6.6.4 清空回收站

在桌面上右击"回收站"图标,选择"清空回收站"选项。

7. Internet 应用

计算机网络是指把分布在不同地理区域的具有独立功能的计算机使用专门的设备联系在一起组成网络系统。每台计算机可以互相传递信息,共享网络资源。

计算机网络的通信是由不同类型的计算机设备之间通过协议来实现的。协议是一些规则和约定的规范性描述,它定义了设备间通信的标准。TCP/IP 协议中规定,每台计算机在网络上都要有一个地址,称为 IP 地址。TCP/IPV4 协议采用 32 位二进制数进行编码,按照 8 位一组,共划分为 4 组,用圆点间隔,每组换算成十进制数,称为点分十进制数的表示形式。IP 地址包括网络地址和主机地址两部分,区分网络地址与主机地址的工具是子网掩码。

不同网络之间进行信息交换需要通过网关。网关通常指一台具有两个网络 IP 地址的设备。路由器就是一种网关设备。

域名是计算机网络上的一个服务器或一个网络系统的名字,形式是以若干字词组成,由圆点间隔成几部分。提供将域名翻译成 IP 地址的计算机称为域名解析服务器,即 DNS 服务器。

7.1 宽带设置

宽带上网是接入 Internet 网络常用的方式。用户从 Internet 服务提供商(ISP)那里申请到账户和密码后,将网线连接计算机,右击桌面上的"网络",选择"属性",打开"网络和共享中心",依次选择"更改网络设置→设置宽带→连接到 Internet→否,创建新连接→宽带(PPPoE)(R)",输入"用户名"和"密码"后,单击"连接",即可完成设置。如果 ISP 采用 DHCP(Dynamic Host Configuration Protocol,动态主机配置协议)方式分配 IP 地址，双击桌面上的浏览器就可以上网。如果 ISP 分配专用 IP 地址，则需要再次打开"网络和共享中心"，选择"更改适配器设置"，在以太网属性中设置"Internet 协议版本 4"的属性，输入 IP 地址、子网掩码、默认网关、首选 DNS 服务器和备用 DNS 服务器的值，单击"确定"按钮，即可完成 IP 设置。

7.2　局域网内网络共享设置

右击桌面上的"网络"图标，在快捷菜单中选择"属性"，在"网络和共享中心"窗口中选择"更改高级共享设置"，在新的界面中选择"启用网络发现"和"关闭密码保护共享"，单击"保存更改"按钮。

第 2 单元　巩固练习

一、单选题

1. 鼠标的拖动是指（　　）。

A. 移动鼠标使鼠标指针出现在屏幕上某个位置

B. 按住鼠标左键移动鼠标，把鼠标指针移动到某个位置后释放

C. 连续按下鼠标左键并快速地释放

D. 快速连续地两次按下并释放鼠标左键

2. 鼠标的双击操作是指（　　）。

A. 移动鼠标使鼠标指针出现在屏幕上某个位置

B. 按住鼠标左键移动鼠标，把鼠标指针移动到某个位置后释放

C. 按下并快速释放鼠标左键

D. 快速连续两次按下并释放鼠标左键

3. 鼠标的指示操作是指（　　）。

A. 移动鼠标使鼠标指针出现在屏幕上某个位置

B. 按住鼠标左键移动鼠标，把鼠标指针移动到某个位置后释放

C. 按下并快速地释放鼠标左键

D. 快速连续两次按下并释放鼠标左键

4. 在 Windows 中，文件的内容较多，即使窗口最大化也无法在屏幕上完全显示，此时可以利用窗口的（　　）来阅读文件。

　　A. 最大化按钮　　　　B. 控制菜单　　　　C. 滚动条　　　　　D. 标尺

5. 在 Windows 环境下，把整个屏幕的图像复制到剪贴板中，可按（　　）键。

　　A. PrintScreen　　　　　　　　　　B. Alt＋PrintScreen

　　C. Ctrl＋PrintScreen　　　　　　　 D. Shift＋PrintScreen

6. 在 Windows 环境下，把活动窗口的图像复制到剪贴板中，可按（　　）键。

　　A. PrintScreen　　　　　　　　　　B. Alt＋PrintScreen

　　C. Ctrl＋PrintScreen　　　　　　　 D. Shift＋PrintScreen

7. 在 Windows 中，用"创建快捷方式"创建的图标（　　）。

A. 可以是任何文件　　　　　　　　　B. 只能是程序文件

C. 只能是文本文件　　　　　　　　　D. 只能是系统文件

8. Windows 10 安装完毕后，首次启动时由系统创建在桌面上的图标是（　　）。

A. 资源管理器　　　B. 回收站　　　C. 此电脑　　　D. 网络

9. 在 Windows 中，关于文件快捷方式的说法正确的是（　　）。

A. 是文件的一个属性　　　　　　　　B. 是文件的一个备份

C. 是指向原文件的指针　　　　　　　D. 是文件的一个别名

10. 在 Windows 10 中，能管理所有系统资源的程序组是（　　）。

A. "开始"菜单和控制面板　　　　　　B. 资源管理器和控制面板

C. 此电脑和文件资源管理器　　　　　D. 此电脑和控制面板

11. 记事本是编辑（　　）文件的应用程序。

A. 数据库　　　　　　　　　　　　　B. 批处理

C. 扩展名为 bmp　　　　　　　　　　D. ASCII 文本（即纯文本）

12. 在文件系统中，对文件的存取操作都是采用（　　）。

A. 按文件内容存取　　　　　　　　　B. 按文件路径存取

C. 按文件名存取　　　　　　　　　　D. 按文件性质存取

13. 在搜索文件时，若输入"＊.＊"，则将搜索（　　）。

A. 所有含有 ＊ 的文件　　　　　　　B. 扩展名中含有 ＊ 的文件

C. 所有文件　　　　　　　　　　　　D. 搜不到任何文件

14. Windows 10 系统在查找文件时，通配符 ＊ 与? 的含义是（　　）。

A. ＊ 表示任意多个字符,? 表示任意一个字符

B. ? 表示任意多个字符，＊ 表示任意一个字符

C. ＊ 和? 表示乘号和问号

D. 查找 ＊.? 与?.＊ 的文件结果是相同的

15. 在 Windows 中，有的对话框右上角有"?"按钮，它的功能是（　　）。

A. 关闭对话框　　　　　　　　　　　B. 获取帮助信息

C. 方便用户输入"?"　　　　　　　　D. 调整对话框位置

16. 利用 Windows 10 系统的查找功能搜索文件时，若指定文件名为? s＊.＊，其含义是（　　）。

A. 搜索所有扩展名为 ＊ 的文件

B. 搜索以? s 字符开头的所有文件

C. 搜索文件名的第二个字符为 s 的所有文件

D. 文件名不符合 Windows 命名规则

17. 在 Windows 提供的画图程序中绘制一个圆，需要按住（　　）键，再使用椭圆形状进行绘制。

A. Ctrl　　　　　　B. Shift　　　　　　C. Alt　　　　　　D. Tab

18. 在对话框中，允许同时选中多个选项的是(　　)。

A. 单选框　　　　　B. 复选框　　　　　C. 列表框　　　　　D. 编辑框

19. 在 Windows 10 系统中，选择(　　)命令可以在不关闭当前程序的情况下迅速地使用另一个用户登录到系统。

A. 注销　　　　　B. 重新启动　　　　　C. 切换用户　　　　D. 睡眠

20. 在默认方式下，如果桌面或窗口中出现"沙漏"形状的鼠标指针，说明(　　)。

A. 系统出现错误　　　　　　　B. 系统忙，用户不能进行其他操作

C. 系统要求用户进行某种操作　　D. 计算机死机

21. Windows 操作系统(　　)。

A. 只能运行一个应用程序　　　　B. 最多同时运行两个应用程序

C. 最少同时运行两个应用程序　　D. 可以同时运行多个应用程序

22. 如果出现应用程序在运行过程中"死机"的选项，为保证系统不受损害，正确的操作是(　　)。

A. 单击"开始"按钮，选择"电源"中的"关机"选项

B. 按 Ctrl＋Break 组合键

C. 按 Ctrl＋Alt＋Delete 组合键

D. 按 Ctrl＋Esc 组合键

23. 在"文件资源管理器"窗口中，为了查看某个被选定的文件夹所占的磁盘空间大小，应进行的操作是(　　)。

A. 列出该文件夹中所有的文件，再将各个文件的字节数相加

B. 选择"文件"中的"属性"命令

C. 打开"控制面板"，在窗口中单击"存储空间"

D. 选择"查看"，然后将鼠标指针指向该文件夹

24. Windows 系统是(　　)系统。

A. 单用户单任务　　　　　　　B. 单用户多任务

C. 多用户多任务　　　　　　　D. 多用户单任务

25. 在 Windows 中，单击是指(　　)。

A. 快速按下并释放鼠标左键　　B. 快速按下并释放鼠标右键

C. 按下并滚动鼠标中键　　　　D. 按下鼠标左键并移动鼠标

26. 在 Windows 的菜单中，可打开对话框的菜单项上有(　　)标记。

A. 黑三角　　　　　B. 省略号　　　　　C. 无标记　　　　　D. 圆点

27. 在 Windows 中，用鼠标拖动(　　)可以移动整个窗口。

A. 标题栏　　　　　B. 菜单栏　　　　　C. 工作区　　　　　D. 状态栏

28. 在 Windows 中，为了重新排列桌面上的图标，首先应进行的操作是(　　)。

A. 用鼠标右键单击桌面空白处　　B. 用鼠标右键单击窗口空白处

C. 用鼠标右键单击任务栏空白处　D. 用鼠标右键单击"开始"按钮

29. 在 Windows 中，用于对系统进行设置和控制计算机硬件配置的程序组是(　　)。

A. 任务管理器   B. 文件资源管理器

C. 控制面板   D. 此电脑

30. 在 Windows 中，窗口与对话框的区别是（   ）。

A. 两者都能改变大小，但对话框不能移动

B. 对话框既不能移动，也不能改变大小

C. 两者都能移动和改变大小

D. 两者都能移动，但对话框不能改变大小

31. 在 Windows 中，（   ）用来显示应用程序名和文件名。

A. 任务栏   B. 状态栏   C. 标题栏   D. 菜单栏

32. 在对话框中，（   ）的选择方式是开关形式。

A. 单选按钮   B. 复选框   C. 列表框   D. 文本框

33. 在 Windows 10 中，对文件和文件夹的管理是通过（   ）来实现的。

A. 对话框   B. 剪贴板   C. 控制面板   D. 文件资源管理器

34. 一个应用程序运行之后，若将其窗口最小化，则该应用程序（   ）。

A. 被终止执行   B. 被暂停执行

C. 继续在前台执行   D. 缩成一个图标，转入后台执行

35. 在 Windows 中，用户建立的文件默认具有的属性是（   ）。

A. 隐藏   B. 只读   C. 系统   D. 存档

36. 启动 Windows 后，出现在屏幕的整个区域称为（   ）。

A. 工作区域   B. 桌面   C. 文件管理器   D. 窗口

37. 对话框中有"⊙"的选项表示（   ）。

A. 选项卡   B. 复选框   C. 单选按钮   D. 命令按钮

38. 在 Windows 中，单击"开始"按钮，可以打开（   ）。

A. 快捷菜单   B. 开始菜单   C. 下拉菜单   D. 对话框

39. 在 Windows 中，（   ）鼠标，可打开对象的快捷菜单。

A. 单击   B. 双击   C. 三击   D. 右击

40. 在 Windows 中，随时能得到帮助信息的快捷键是（   ）。

A. Ctrl＋F1   B. Shift＋F1   C. F1   D. F2

41. 当一个文件更名后，该文件的内容将（   ）。

A. 完全丢失   B. 部分丢失   C. 完全不变   D. 部分不变

42. 在资源管理器窗口中，要改变文件或文件夹的显示方式，应选择"查看"中的（   ）。

A. 窗格   B. 布局   C. 当前视图   D. 显示/隐藏

43. 桌面上已经有某应用程序的图标，要运行该程序，可以（   ）。

A. 用鼠标左键单击该图标   B. 用鼠标右键单击该图标

C. 用鼠标左键双击该图标   D. 用鼠标右键双击该图标

44. 为了减少因误操作而将文件删除，可将文件设置成（   ）属性。

A. 系统   B. 隐藏   C. 存档   D. 只读

45. 在下列程序中，（　　）能对多个文件同时进行复制操作。

A. PowerPoint　　　　　　　　　B. 文件资源管理器

C. Word　　　　　　　　　　　D. Excel

46. 关于 Windows 窗口的概念，叙述正确的是（　　）。

A. 屏幕上只能出现一个窗口，这就是活动窗口

B. 屏幕上可以出现多个窗口，但只有一个是活动窗口

C. 屏幕上可以出现多个窗口，最多有两个是活动窗口

D. 当屏幕上出现多个窗口时，就没有活动窗口

47. 在 Windows 的各种窗口中，单击左上角的软件图标可以（　　）。

A. 打开控制面板　　　　　　　　B. 打开资源管理器

C. 打开控制菜单　　　　　　　　D. 打开对话框

48. 在 Windows 中，"记事本"和"写字板"软件所编辑的文件（　　）。

A. 只有"记事本"可以通过剪切、复制和粘贴操作与其他 Windows 应用程序交换信息

B. 只有"写字板"可以通过剪切、复制和粘贴操作与其他 Windows 应用程序交换信息

C. 两者均可以通过剪切、复制和粘贴操作与其他 Windows 应用程序交换信息

D. 两者均不能通过剪切、复制和粘贴操作与其他 Windows 应用程序交换信息

49. 操作系统是（　　）。

A. 用户与系统软件的接口　　　　B. 用户与应用软件的接口

C. 用户与外设的接口　　　　　　D. 用户与计算机的接口

50. 在 Windows 10 中，"此电脑"图标（　　）。

A. 一定出现在桌面上　　　　　　B. 不可能出现在桌面上

C. 可以设置到桌面上　　　　　　D. 可以通过单击将其发送到桌面上

51. 在 Windows 10 中，同时显示多个应用程序窗口的正确方法是（　　）。

A. 在任务栏空白区单击鼠标左键，在弹出的快捷菜单中选择"层叠窗口"命令

B. 在任务栏空白区右击，在弹出的快捷菜单中选择"并排显示窗口"命令

C. 按 Ctrl＋Tab 键进行排列窗口

D. 在资源管理器窗口进行排列窗口

52. 在 Windows 10 中，双击驱动器图标的作用是（　　）。

A. 查看硬盘存储的文件和文件夹　　B. 检查磁盘驱动器符号

C. 格式化磁盘　　　　　　　　　D. 备份磁盘文件

53. 在 Windows 中，Alt＋Tab 键的作用是（　　）。

A. 关闭应用程序　　　　　　　　B. 打开应用程序控制菜单

C. 应用程序之间相互切换　　　　D. 打开"开始"菜单

54. 在资源管理器中，如果要同时选定不相邻的多个文件，需要使用（　　）键。

A. Shift　　　　　　B. Ctrl　　　　　　C. Alt　　　　　　D. F9

55. 在 Windows 10 系统的桌面上，任务栏中最左侧的一个按钮是（　　）。

A. "打开"按钮　　　　　　　　　B. "查找"按钮

C. "开始"按钮　　　　　　　　　　　D. "确定"按钮

56. 当选定文件或文件夹后，按 Shift＋Delete 键的结果是（　　）。

A. 删除选定对象并放入回收站　　　　B. 对选定的对象不产生任何影响

C. 选定对象不放入回收站而直接删除　D. 恢复被选定对象的副本

57. 在 Windows 10 中，被放入回收站中的文件仍然占用（　　）。

A. 硬盘空间　　　　B. 内存空间　　　　C. 光盘空间　　　　D. U 盘空间

58. 当前窗口处于最大化状态，双击该窗口标题栏，则相当于单击（　　）。

A. 最小化按钮　　　B. 关闭按钮　　　C. 向下还原按钮　　D. 系统控制按钮

59. 在 Windows 中，"任务栏"的作用是（　　）。

A. 显示系统的所有功能　　　　　　　B. 只显示活动窗口名称

C. 只显示正在后台工作的窗口名称　　D. 实现窗口之间的切换

60. 利用"控制面板"的"程序和功能"（　　）。

A. 可以删除 Windows 附件　　　　　B. 可以卸载硬件驱动程序

C. 可以删除 Word 文档模板　　　　　D. 可以删除程序的快捷方式

61. 在"文件资源管理器"窗口中，若希望显示文件的名称、类型、大小等信息，则应选择"查看"菜单中的（　　）。

A. 列表　　　　　B. 详细信息　　　　C. 大图标　　　　D. 中等图标

62. 安装 Windows 10 操作系统的磁盘分区格式应选择（　　）文件系统。

A. FAT　　　　　B. FAT16　　　　C. FAT32　　　　D. NTFS

63. 在 Windows 10 中，窗口最上方的横条称为标题栏，拖动标题栏到屏幕顶端，可以（　　）。

A. 窗口最大化　　　B. 窗口最小化　　　C. 隐藏窗口　　　D. 关闭窗口

64. 在 Windows 10 中，删除某程序的快捷键方式图标，表示（　　）。

A. 既删除了图标，又删除该程序

B. 只删除了图标而没有删除该程序

C. 隐藏了图标，删除了与该程序的联系

D. 将图标存放在剪贴板上，同时删除了与该程序的联系

65. 当文件属性设置为（　　）时，通常情况下是无法显示的。

A. 只读　　　　　B. 隐藏　　　　　C. 存档　　　　　D. 常规

66. 在 Windows 操作系统默认状态下，双击扩展名为". txt"的文件，会自动打开（　　）应用程序窗口。

A. Word　　　　　B. 画图　　　　　C. 记事本　　　　D. 声音文件

67. 在 Windows 操作系统默认状态下，双击扩展名为". bmp"的文件，会自动打开（　　）应用程序窗口。

A. 写字板　　　　B. 记事本　　　　C. 剪贴板　　　　D. 画图

68. Windows"附件"中的"画图"程序可以用来绘制编辑（　　）。

A. 位图　　　　　B. 矢量图　　　　C. 音频文件　　　　D. 程序文件

69. 在 Windows 系统中，可以由用户设置的文件属性是（　　）。

A. 存档、系统和隐藏　　　　　　　　　B. 只读、系统和隐藏

C. 只读、存档和隐藏　　　　　　　　　D. 系统、只读和存档

70. 在 Windows 中，系统时间显示在（　　）中。

A. 标题栏　　　　　　B. 任务栏　　　　　　C. 状态栏　　　　　　D. 视图

71. 在 Windows 中，要移动桌面上的图标，可以用鼠标（　　）操作来完成。

A. 单击　　　　　　　B. 双击　　　　　　　C. 拖放　　　　　　　D. 右击

72. 如果要手动进入安全模式，则需要在启动计算机的过程中，按（　　）键。

A. F1　　　　　　　　B. F2　　　　　　　　C. F8　　　　　　　　D. F10

73. 在一个窗口中使用 Alt＋空格组合键可以（　　）。

A. 打开快捷菜单　　　　　　　　　　　　B. 打开控制菜单

C. 关闭窗口　　　　　　　　　　　　　　D. 打开开始菜单

74. 窗口最大化后，如果要调整窗口大小，正确的操作是（　　）。

A. 用鼠标拖动窗口的边框线

B. 鼠标单击"向下还原"按钮，再用鼠标拖动边框线

C. 鼠标单击"最小化"按钮，再用鼠标拖动

D. 用鼠标拖动窗口的四角

75. 如果想同时改变窗口的高度和宽度，可以通过拖放（　　）来实现。

A. 窗口边框　　　　　B. 滚动条　　　　　　C. 标题栏　　　　　　D. 窗口角

76. 在 Windows 中，所有操作都需要遵循的原则是（　　）。

A. 先选择操作命令，再选定操作对象

B. 先选定操作对象，再选择操作命令

C. 同时选择操作对象和操作命令

D. 允许用户任意选择

77. 用户双击（　　）图标可以浏览最近从硬盘上删除的文件或文件夹。

A. 计算机　　　　　　B. 网络　　　　　　　C. 回收站　　　　　　D. 浏览器

78. 为了查看某个对象的属性，需要将鼠标指针指向该对象并（　　）。

A. 单击鼠标左键　　　　　　　　　　　　B. 单击鼠标右键

C. 双击鼠标左键　　　　　　　　　　　　D. 双击鼠标右键

79. 控制菜单弹出以后，要恢复系统原状，则应（　　）。

A. 将鼠标指针指向菜单内，单击鼠标左键

B. 将鼠标指针指向菜单外，单击鼠标左键

C. 将鼠标指针指向菜单内，单击鼠标右键

D. 将鼠标指针指向菜单外，单击鼠标右键

80. Windows 10 文件资源管理器窗口分左、右窗格，右窗格用来显示（　　）。

A. 新建文件夹中包含的文件夹或文件

B. 被复制文件夹中包含的文件夹或文件

C. 被删除文件夹中包含的文件夹或文件

D. 活动文件夹中包含的文件夹或文件

81. 在 Windows 中，按组合键(　　　)可以打开任务管理器。

A. Ctrl＋O B. Ctrl＋Shift＋Esc

C. Ctrl＋空格键 D. Ctrl＋Tab

二、多选题

1. 对于 Windows，下面以(　　　)为扩展名的文件是可以自主运行的。

A. bat B. com C. exe D. txt

2. 下列操作中(　　　)可以打开控制菜单。

A. 单击控制菜单按钮 B. 在标题栏空白处右单击

C. 在任务栏空白处右单击 D. 按 Alt＋空格键

3. 下列 Windows 文件名中，正确的文件名是(　　　)。

A. My ＿ Book B. X. Y. Z C. A＞B. DOCX D. X♯Y. ABS

4. 在 Windows 中，下列叙述正确的是(　　　)。

A. 从 U 盘上删除的文件都不能用回收站恢复

B. 从硬盘上删除的文件都能用回收站恢复

C. 从硬盘上删除的文件如果进入回收站，都能用回收站恢复

D. 使用 Shift＋Delete 键从硬盘上删除的文件不进入回收站，都不能用回收站恢复

5. 对于账户 Administrator，以下说法正确的是(　　　)。

A. 该账户有对计算机的完全控制权

B. 该账户可以重命名但不能删除

C. 该账户只用在联网的计算机中存在

D. 该账户在 Windows 安装时建立

6. 在文件资源管理器中对文件进行重命名，正确的方法有(　　　)。

A. 鼠标左键单击要改名的文件，按 F2 键，输入新文件名，按回车键

B. 鼠标左键单击要改名的文件，再次单击该文件名，输入新文件名，按回车键

C. 鼠标右键单击要改名的文件，在快捷菜单中选择"重命名"，输入新文件名，按回车键

D. 鼠标左键单击要改名的文件，在"文件"菜单中选择"重命名"，输入新文件名，按回车键

7. 关于 Windows 对话框，下面叙述正确的是(　　　)。

A. 对话框中可以弹出新的对话框

B. 对话框不经处理可自行消失

C. 对话框中可以含有单选项

D. 对话框中必须含有让用户表示"确认"的选择项

8. 在 Windows 中，对"粘贴"操作正确的描述有(　　　)。

A. "粘贴"是将"剪贴板"中的内容复制到指定的位置

D. "粘贴"是将"剪贴板"中的内容移动到指定的位置

C. 经过"剪切"操作后才可以"粘贴"

D. 经过"复制"操作后才可以"粘贴"

9. 在 Windows 中，选定一个文件，右击，在弹出的快捷菜单中包括(　　)。

A. 剪切　　　　　　　B. 复制　　　　　　　C. 粘贴　　　　　　　D. 重命名

10. 在 Windows 10 中，关于文件夹的描述正确的是(　　)。

A. 文件夹是用来组织和管理文件的

B. 在文件夹中可以存放驱动器程序文件

C. "此电脑"是一个系统文件夹

D. 两个同名的文件可以存放在同一个文件夹中

11. 可能出现在任务栏上的内容为(　　)。

A. 正在运行的应用程序图标　　　　　　B. 已打开的文件夹图标

C. 对话框的图标　　　　　　　　　　　D. 系统日期和时间

12. 关于 Windows 文件命名的规则，正确的是(　　)。

A. 文件名可用字母、允许的字符、数字和汉字命名

B. 保留用户指定文件名的大小写格式，但不能利用大小写区别文件名

C. 同一个文件夹中不能有同名的文件或文件夹

D. 由于文件名可以使用间隔符"."，因此可能出现无法确定文件的扩展名

13. 以下(　　)可以作为文件名或文件夹名。

A. Dos. txt　　　　B. Con. txt　　　　C. Prn. txt　　　　D. Copy. txt

14. 在 Windows 中，右击"开始"按钮，在弹出的快捷菜单中可以打开(　　)。

A. 文件资源管理器　B. 开始菜单　　　　C. 一个对话框　　　D. 一个窗口

15. 在 Windows 10 中，快速获得计算机属性信息的方法是(　　)。

A. 右击"开始"菜单，选择"系统"

B. 右击"此电脑"，从快捷菜单中选择"属性"

C. 右击桌面空白处，从快捷菜单中选择"查看"

D. 在文件资源管理器窗口单击"查看"，选择其中的"详细信息"

16. 在 Windows 10 中，当用户打开了多个窗口，而且需要全部处于显示状态时，系统提供了(　　)3 种排列方式。

A. 层叠窗口　　　　B. 堆叠窗口　　　　C. 拆分窗口　　　　D. 并排显示窗口

17. Windows 任务栏可以(　　)。

A. 改变位置　　　　B. 改变大小　　　　C. 删除　　　　　　D. 隐藏

18. 在 Windows 10 系统中，关于控制面板的叙述正确的有(　　)。

A. 可以调整系统的硬件和软件配置

B. 可以安装系统的一些硬件驱动程序

C. 可以完成文档排版

D. 可以更改系统日期与时间

19. 在 Windows 系统中，以下叙述正确的有（　　）。

A. 鼠标的使用一般有定位、单击、双击、拖动 4 种方法

B. 鼠标单击一般用于选定对象

C. 鼠标双击一般用于打开或运行程序对象

D. 在 Windows 10 的操作中必须有鼠标的使用

20. 在 Windows 10 系统中，文件资源管理器可以完成下列（　　）操作。

A. 文件夹的建立与删除　　　　　　B. 文件的复制与移动

C. 文本文件的创建　　　　　　　　D. 磁盘相关操作

21. 以下说法错误的有哪些（　　）。

A. 隐藏是文件和文件夹的属性之一

B. 具有隐藏属性的文件和文件夹不能被删除

C. 只有文件可以隐藏，文件夹不能被隐藏

D. 具有隐藏属性的文件和文件夹不会显示出来

22. 关于 Windows 系统中复选框的说法，正确的是（　　）。

A. 在一组选项中可以选一项

B. 在一组中不能全选

C. 在一组选项中可以全选

D. 在一组选项中可以一项都不选

23. 在文件资源管理器窗口选定文件或文件夹后，若想将它们立即删除而不放到"回收站"，正确的操作是（　　）。

A. 按 Delete 键

B. 按 Shift＋Delete 键

C. 设置"回收站"属性为"不将文件移到回收站中，移除文件后立即将其删除"

D. 用鼠标将文件或文件夹拖到"回收站"

24. Windows 10 的任务栏可用于（　　）。

A. 切换当前应用程序窗口　　　　　B. 修改文件的属性

C. 启动应用程序　　　　　　　　　D. 启动任务管理器

25. 在 Windows 10 中，打开任务管理器的方法是（　　）。

A. 右击桌面上"此电脑"

B. 右击任务栏，选择"任务管理器"

C. 右击"开始"按钮，选择"任务管理器"

D. 右击桌面空白处

26. Windows 10 回收站里的文件（　　）。

A. 可以恢复　　　　　　　　　　　B. 不占有磁盘空间

C. 是从硬盘删除的文件　　　　　　D. 不可以直接打开运行

27. 关于 Windows 回收站的描述中，（　　）是正确的。

A. 用户可以通过设置回收站的属性，使文件直接从硬盘上删除而不放入回收站

B. 用户可以清空回收站的内容

C. 用户可以把回收站中的文件恢复到原来的文件夹中

D. 回收站可以暂时保存从 U 盘中删除的文件

28. 下面哪些操作不会将删除的文件放到"回收站"中，而是直接删除(　　　)。

A. 文件太大回收站容量不够

B. 设置回收站的属性"不将文件移到回收站中，移除文件后立即将其删除"

C. 使用 Shift＋Delete 组合键

D. 被删除的文件在 U 盘

29. 在 Windows 10 中，个性化设置包括(　　　)。

A. 主题　　　　　　B. 桌面背景　　　C. 窗口形状　　　D. 声音

30. 窗口最大化的方法有(　　　)。

A. 按最大化按钮　　　　　　　　B. 按还原按钮

C. 双击标题栏　　　　　　　　　D. 双击控制菜单按钮

31. 在文件资源管理器中能进行的操作是(　　　)。

A. 创建文件或文件夹　　　　　　B. 对文件或文件夹重命名

C. 关闭计算机　　　　　　　　　D. 格式化磁盘

32. 在"记事本"程序中，可以进行的工作是(　　　)。

A. 对文字进行简单编辑　　　　　B. 更换中文输入法

C. 设置文本的字体格式　　　　　D. 进行打印文档的页面设置

三、填空题

1. 在桌面上创建(　　　)，可以达到快速访问某个常用项目的目的。

2. Windows 10 选项卡中灰色的命令项表示(　　　)。

3. 在 Windows 10 中，有些命令选项的右侧有一个向右的三角，表示(　　　)。

4. 在 Windows 10 中，命令名后有"…"表示(　　　)；命令名前有"√"表示(　　　)。

5. 在对文件进行修改后，既要保存修改后的内容，又不能改变原文件的内容，应该使用"文件"选项卡中的(　　　)命令。

6. 在 Windows 中，当用户打开多个窗口时，只有一个窗口处于激活状态，该窗口称为(　　　)。

7. 默认情况下，桌面最下方有一个灰颜色的长条区域，叫作(　　　)。

8. 在 Windows 10 中，选定当前文件夹中的全部文件和文件夹应使用的组合键是(　　　)。

9. 如果已经选定了多个文件，要取消其中的 2 个，应按(　　　)键的同时依次单击这 2 个文件。

10. 通常鼠标的基本操作方法有指向、(　　　)、(　　　)、(　　　)、(　　　)和(　　　)。

11. 用户完成对文档窗口的操作后，可以使用组合键(　　　)关闭窗口。

12. 选择一张图片作为 Windows 10 的桌面背景，该图片在桌面的契合度有(　　　)、适应、拉伸、(　　　)、(　　　)和跨区等形式。

13. (　　　)程序是 Windows 提供的一个系统工具，它能有效地搜集整理磁盘碎片，从而提高系统工作效率。

14. 在 Windows 中，当用鼠标左键在不同驱动器之间拖动对象时，系统默认的操作是（　　　）。

15. 在 Windows 中，打开文件资源管理器的快捷方式是使用（　　　）。

16. 打开"运行"对话框的组合键是（　　　）。

17. 在 Windows 10 的"附件"中，有 2 个用于一般文字处理的工具，它们是（　　　）和（　　　）。

18. 在 Windows 中，（　　　）是一个保存系统软、硬件配置和状态信息的数据库。

19. Windows 系统运行的应用程序使用 2 种类型的窗口，即程序窗口和文档窗口，它们之间最显著的区别是（　　　）窗口有菜单栏。

20. 在 Windows 10 系统中，通过运行对话框进入 MS-DOS 方式，欲重新返回 Windows 10，可使用（　　　）命令。

21. Windows 10 的桌面背景包括（　　　）、（　　　）和（　　　）3 种样式。

22. Windows 10 系统除了菜单栏菜单外，还有 3 种菜单，它们是（　　　）菜单、（　　　）菜单和（　　　）菜单。

23. 在 Windows 10 系统平台上，用户可同时打开多个窗口，对多个窗口的排列方式有（　　　）、（　　　）和（　　　）3 种形式。

24. 根据账户信息保存的位置，用于登录 Windows 10 系统的账户可以分为两类，即（　　　）和（　　　）。

25. 操作系统是用户与计算机之间的接口，从用户角度来说，一般分为 3 种形式：（　　　）、系统调用和（　　　）。

26. 文件夹名最长不超过（　　　）个字符。

27. 在 Windows 10 系统中，按（　　　）键或 Ctrl＋Esc 组合键可以打开"开始"屏幕。

28. 锁定任务栏后，既不能调整任务栏的大小，也不能改变（　　　）。

29. （　　　）是 Windows 10 系统自带的一个网络浏览器。

30. （　　　）是 Windows 10 系统提供的一项语音识别搜索工具，又称作人工智能助理。

31. 在文件夹窗口中，某个文件已经被选定，按住 Ctrl 键再单击这个文件，将（　　　）。

32. Windows 10 系统在 Cortana 搜索栏中输入（　　　）可以打开"控制面板"。

四、判断题

1. 桌面上的图标可根据需要移动到桌面上的任何地方。（　　　）

2. 更改桌面图标时，可以右击图标，选择属性，在对话框中选择"更改图标…"，然后进行更改。（　　　）

3. 在两次单击鼠标期间，不能移动鼠标，否则双击无效，只能执行单击命令。（　　　）

4. 关闭一个应用程序窗口可以使用组合键 Alt＋F4。（　　　）

5. 控制面板是 Windows 系统的设置进行控制的工具集合。（　　　）

6. 用户可以调整桌面图标显示的大小，也可以设置图标的排序方式。（　　　）

7. 用户按 F1 键可以获得 Windows 的帮助信息。（　　　）

8. 用户可以根据需要自定义快速访问工具栏。（　　　）

9. 文档窗口是由应用程序创建的子窗口。（　　　）

10. 屏幕保护程序起作用时，原来在屏幕上的当前窗口就被关闭了。（　　　）

11. 关闭一个文档窗口可以使用组合键 Ctrl＋F4。（　　　）

12. 在 Windows 中，应用程序最小化后，其窗口中的内容是不可见的。（　　　）

13. 用户给应用程序创建快捷方式时，就是给应用程序增加一个备份。（　　　）

14. 单击"格式刷"按钮，可以将所选格式复制多次。（　　　）

15. 如果用户已经知道程序的名称和所在的文件夹路径，则可通过"开始"菜单中的"运行"命令来启动程序。（　　　）

16. 只有活动窗口才能进行移动位置、改变大小等操作。（　　　）

17. 设置屏幕保护程序口令的目的是防止其他人员使用计算机。（　　　）

18. 将光标插入点定位在段落中，单击"加粗"按钮，则整个段落的文本字体全部变为粗体。（　　　）

19. Windows 10 系统不能与其他操作系统安装在同一个硬盘分区上。（　　　）

20. Windows 10 系统允许用户远程登录计算机。（　　　）

21. 能实现在各种中文输入法之间切换的组合键是 Ctrl＋Shift。（　　　）

22. 文件不可能出现在 Windows"文件资源管理器"窗口左侧窗格。（　　　）

23. 在编辑文档时，如果按 Delete 键，则会删除光标所在位置以后的一个字符或文档中选定的字符。（　　　）

24. 对话框可以移动位置，不可以改变大小。（　　　）

25. 在 Windows 中，剪贴板和回收站所占用的存储区分别是硬盘和内存的一部分。（　　　）

26. 删除快捷方式后，它所指向的对象也会被删除。（　　　）

27. Windows 的"桌面"是一个活动窗口。（　　　）

28. 在文件资源管理器窗口中删除文件夹时，可以将此文件夹中的所有文件及子文件夹一同删除。（　　　）

29. 图标是 Windows 中的重要概念，它表示 Windows 的对象，可以指文件或文件夹。（　　　）

30. 切换用户时，用户可以不关闭正在运行的程序，而当该用户再次返回时，系统可以继续使用没有关闭的程序。（　　　）

31. 利用键盘，按 Ctrl＋空格键可以实现中文输入方式的切换。（　　　）

32. Windows 10 操作系统是 IBM 公司开发的系统软件。（　　　）

33. Windows 10 操作系统支持同时打开多个文档窗口，所有被打开的窗口都是活动窗口。（　　　）

34. 选用中文输入法后，按 Shift＋空格键可以实现全角和半角切换。（　　　）

35. Windows 10 系统的记事本和写字板都不能插入图片。（　　　）

36. 任务栏只能显示在桌面下方，不能被改变位置。（　　　）

37. DOS 操作系统是一个单用户多任务操作系统。（　　　）

38. Windows 10 系统的 Guest 账户可以设置为标准的本地账户。（　　）

39. 用鼠标左键双击标题栏可以在窗口最大化和还原之间快速切换。（　　）

40. 在文件资源管理器窗口中创建的新文件夹位于当前打开的文件夹中。（　　）

41. 使用鼠标直接运行带有图标的 Windows 10 程序，其操作为单击鼠标。（　　）

42. Windows 10 支持"即插即用"，也就是说所有计算机的设备一经与计算机连接就可以使用，不需要设备驱动程序。（　　）

43. 在一个文件夹中可以存在两个名字（包括扩展名）相同的文件。（　　）

44. 按住 Ctrl 键和 Alt 键的同时再按 Delete 键，会出现"任务管理器"选项。（　　）

45. 计算机闲置达到一定的时间时，将会执行屏幕保护程序，这个时间值是固定的，用户不能改变。（　　）

46. 在资源管理器中查看文件或文件夹的属性时，既可以查看名称、大小及类型等信息，也可以查看创建日期。（　　）

47. Windows 10 的系统文件都存储在 Windows 文件夹及其子文件夹中，安装的应用程序默认都放在 ProgramFiles 文件夹中。（　　）

48. 用户可以在"桌面"上任意添加新的图标，也可以删除"桌面"上的任何图标。（　　）

49. 任务栏的作用是快速启动、管理和切换各个应用程序。不能任意隐藏或显示任务栏和改变它的位置。（　　）

50. 键盘上的 Tab 键总是需要与其他键组合才能实现某一功能。（　　）

51. F1～F12 键的功能由软件定义，在不同的系统中定义的功能可以不同。（　　）

52. 用户可以使用一张图片作为桌面背景，也可以使用多张图片以幻灯片放映形式作为桌面背景。（　　）

53. 当执行一个任务时，Windows 自动在屏幕上建立一个显示窗口，其位置和大小都不能改变。（　　）

54. 对话框中的复选框是指一组相互排斥的选项，一次只能选中一项，"√"表示选中。（　　）

55. Windows 窗口不仅可以移动位置，也可以改变大小。（　　）

56. 文件扩展名可以用来表示该文件的类型。（　　）

57. 退出 Windows 10 系统时，不需要关闭正在运行的程序，直接关闭电源即可。（　　）

58. 注销用户时，当前用户可以不关闭正在运行的程序直接登录一个新用户。（　　）

59. Windows 10 系统的"自动更新"不允许关闭。（　　）

60. 在文件资源管理器右窗格中，若单击第一个文件后，再按住 Ctrl 键，单击后面第五个文件，则其中的 5 个文件都被选定。（　　）

61. 对话框是 Windows 系统提供给用户输入信息或选择内容的界面。（　　）

62. Windows 10 是多用户系统，允许有两个管理员账户。（　　）

63. 在文件资源管理器中，要显示所选定对象属性的对话框，可以用鼠标右击该对象。（　　）

64. 当改变窗口大小时，若窗口中的内容显示不全时，窗口中会自动出现垂直或水平

滚动条。（　　　）

65. 在 Windows 10 中，如果有多人使用同一台计算机，每个人都可以定义自己喜欢的桌面。（　　　）

66. 在 Windows 系统中，"回收站"被清空后，"回收站"图标不会发生变化。（　　　）

67. 在 Windows 中，将文件属性设置成"只读"可以保护文件不被修改和删除。（　　　）

68. 锁定任务栏后，既不能将应用程序固定到任务栏，也不能将应用程序从任务栏取消固定。（　　　）

69. Windows 规定，鼠标指针的位置就是编辑文件时插入点的位置。（　　　）

70. Windows 回收站中的文件不占用硬盘空间。（　　　）

71. 在 Windows 中，删除文件的操作只是把所删除的文件移动到"回收站"中，在未执行"清空回收站"之前，随时可将文件从"回收站"中还原。（　　　）

72. 右击任务栏空白处，弹出的快捷菜单中包含打开"任务管理器"的命令。（　　　）

73. 使用 Ctrl＋W 组合键可以关闭当前文档窗口。（　　　）

74. 当计算机处于睡眠状态时，不可以切断计算机的电源。（　　　）

75. Windows 中的剪贴板是硬盘中一个临时存放信息的特殊区域。（　　　）

五、简答题

1. 简述 Windows 系统文件命名规则。

2. 用户修改文件名时，有时会出现提示信息，分析原因。

3. 关闭文件窗口和关闭应用程序窗口有什么区别？

4. 比较"保存"和"另存为"两个命令。

5. 比较"窗口"和"对话框"。

6. 计算机进入睡眠状态和屏保状态有什么不同？

第 3 单元　实操训练

实训 1　把 D 盘中的文件"草原 . jpg"设置为桌面背景

【操作提示】

右击桌面空白处，依次单击"个性化→背景，背景→图片，浏览→D 盘，草原.jpg，选择图片"，选择契合度设为"平铺"。

实训 2　设置屏幕保护程序为 3D 文字"业精于勤，行成于思"，等待时间为 20 分钟

【操作提示】

右击桌面空白处，依次单击"个性化→锁屏界面→屏幕保护程序设置，屏幕保护程序→3D 文字，设置→输入自定义文字'业精于勤，行成于思'"，等待时间修改为 20 分钟，

然后单击"确定"按钮。

实训 3　更改桌面上的"网络"图标

【操作提示】

单击"开始→设置→个性化→主题→桌面图标设置",或者在桌面空白处右击,依次选择"个性化→主题→桌面图标设置",在对话框中选择"网络"图标,单击"更改图标…",从列表中选择一个合适的图标,然后单击"确定"按钮。

实训 4　设置搜狗拼音输入法为默认中文输入法

【操作提示】

单击"开始→控制面板→语言→高级设置→替代默认输入法→搜狗拼音输入法",保存。

实训 5　设置在文件资源管理器中"查看"文件时按类型分组、按创建日期降序显示文件

【操作提示】

打开文件资源管理器,单击"查看→当前视图→分组依据→类型",选择"排序方式→创建日期→递减"。

实训 6　把 F 盘中的文件复制到 U 盘

【操作提示】

打开文件资源管理器,打开 F 盘,选定要复制的文件,使用下述方法可以完成操作。

方法 1:把文件直接拖到 U 盘。

方法 2:按 Ctrl＋C 组合键,打开 U 盘,按 Ctrl＋V 组合键。

方法 3:使用快捷菜单,选择"复制"命令,打开 U 盘,使用快捷菜单,选择"粘贴"命令。

方法 4:使用快捷菜单,选择"发送到→U 盘"。

实训 7　设置 E 盘的回收站容量为 5000 MB,删除文件时显示确认对话框

【操作提示】

右击桌面上的"回收站"图标,选择"属性→E 盘→自定义大小",在文本框中输入5000,单击"确定"按钮。

实训 8　设置电脑的 IP 地址

【操作提示】

右击桌面上的"网络"图标,单击"更改适配器设置",右击"以太网",选择"属性",双击"Internet 协议版本 4(TCP/IPv4)",选择"使用下面的 IP 地址",分别输入 IP 地址、

子网掩码、默认网关、DNS，然后单击"确定"按钮。

实训 9　查看电脑的系统属性

【操作提示】

电脑的系统属性主要包括操作系统名称、版本、类型、ID，CPU 型号，RAM 大小，计算机名、所属的域和工作组，电脑制造商及硬件配置等信息。通过以下方法可以查看其中的内容。

方法 1：开始→管理工具→系统信息。

方法 2：开始→控制面板→系统。

方法 3：右击桌面上的"此电脑"，选择快捷菜单中的"属性"。

实训 10　查看计算机的 MAC 地址，并将窗口保存为"MAC 地址 . jpg"

【操作提示】

按 Win＋R 组合键，打开运行对话框，输入"CMD"，或单击"开始→命令提示符"，在打开的"命令提示符"窗口中输入"ipconfig/all"，回车，窗口中显示的物理地址即为网卡的 MAC 地址。按 Alt＋PrintScreen 键，打开 Windows 附件中的画图程序，按 Ctrl＋V 组合键，将窗口界面粘贴到文件编辑窗口，单击"文件→另存为→BMP 图片"，在对话框中输入文件名"MAC 地址"和保存的位置，单击"保存"按钮。

实训 11　创建一个用户名为"云商"的本地账户

【操作提示】

右击桌面上的"此电脑"图标，在"计算机管理"对话框中单击"本地用户和组"，选择"用户"，在右侧窗格空白处右击，选择"新用户…"，在对话框中输入用户名"云商"和密码，单击"创建"按钮，然后关闭对话框。

参考答案

一、单选题

1. B　2. D　3. A　4. C　5. A　6. B　7. A　8. B　9. C　10. C　11. D　12. C　13. C
14. A　15. B　16. C　17. B　18. B　19. C　20. B　21. D　22. C　23. D　24. C　25. A
26. B　27. A　28. A　29. C　30. D　31. C　32. B　33. D　34. D　35. D　36. B　37. C
38. B　39. D　40. C　41. C　42. A　43. C　44. C　45. B　46. B　47. C　48. C　49. D
50. C　51. B　52. A　53. C　54. B　55. C　56. C　57. A　58. C　59. D　60. B　61. B
62. D　63. A　64. B　65. B　66. C　67. D　68. A　69. C　70. B　71. C　72. C　73. B
74. B　75. D　76. B　77. C　78. B　79. B　80. D　81. B

二、多选题

1. ABC　2. ABD　3. ABD　4. ACD　5. ABD　6. ABC　7. ACD　8. ACD　9. ABD
10. ABC　11. ABD　12. ABC　13. AD　14. ACD　15. AB　16. ABD　17. ABD　18. ABD
19. ABC　20. ABCD　21. BCD　22. ACD　23. BC　24. ACD　25. BC　26. ACD
27. ABC　28. ABCD　29. ABD　30. AC　31. ABD　32. ACD

三、填空题

1. 快捷方式图标　2. 当前状态下该命令不可用　3. 该选项包含下一级选项　4. 单击命令将打开一个对话框,该命令已经被选择　5. 另存为　6. 活动窗口　7. 任务栏
8. Ctrl＋A　9. Ctrl　10. 单击,双击,右单击,三击,拖动　11. Ctrl＋F4　12. 填充,平铺,居中　13. 碎片整理　14. 复制　15. Windows＋E组合键　16. Windows＋R
17. 记事本,写字板　18. 注册表　19. 程序　20. exit　21. 图片,纯色,幻灯片放映
22. 开始,控制,快捷　23. 层叠窗口,堆叠显示窗口,并排显示窗口　24. 本地账户,Microsoft账户　25. 命令方式,图形界面　26. 255　27. Windows徽标　28. 任务栏的位置　29. WindowsEdge　30. Cortana　31. 取消对它的选定　32. 控制面板

四、判断题

1. √　2. √　3. √　4. √　5. √　6. √　7. √　8. √　9. √　10. ×　11. √　12. √
13. ×　14. ×　15. √　16. √　17. √　18. ×　19. √　20. √　21. √　22. √　23. √
24. √　25. ×　26. ×　27. √　28. √　29. √　30. √　31. √　32. ×　33. ×　34. √
35. ×　36. √　37. √　38. √　39. √　40. √　41. ×　42. √　43. √　44. √　45. √
46. √　47. √　48. ×　49. √　50. √　51. √　52. √　53. √　54. √　55. √　56. √
57. ×　58. √　59. √　60. √　61. √　62. √　63. √　64. √　65. √　66. ×　67. ×
68. ×　69. ×　70. ×　71. √　72. √　73. √　74. √　75. ×

五、简答题

1. 简述 Windows 系统文件命名规则。

①文件名包括主文件名和扩展名。扩展名用以表示文件类型和创建此文件的应用程序。

②文件名不得超过 255 个字符(包括文件名和扩展名在内)。

③文件名可以包含除 \ / ：＊？"＜＞｜之外的字符。

④文件名不区分大小写,但区分半角和全角,显示时可以保留大小写格式。

⑤文件名除了开头之外任何地方都可以使用空格。

⑥文件名中可以包含多个间隔符。

⑦在同一个文件夹中不能有两个文件名相同的文件。

⑧正在编辑使用的文件不能进行重命名

⑨被保留的设备名称不能被用来作为文件名,如 con,com,prn,aux 等。

2. 用户修改文件名时,有时会出现提示信息,分析原因。

①文件夹中已经存在同名的文件。

②文件名中使用了系统禁用的字符。

③修改了文件的扩展名。

④文件处于编辑状态。

⑤文件设置了编辑权限。

3. 关闭文件窗口和关闭应用程序窗口有什么区别？

Windows 支持图形用户界面，人们把运行一个应用程序时呈现在屏幕上的界面称为窗口。其中，有些应用程序仅提供用户与计算机交互的工作界面，如文件资源管理器、命令提示符等，还有一些程序能够运行并创建文件，且允许同时打开多个文件，如 Word、Excel 等。前一类应用程序，关闭窗口即退出程序运行状态。后一类应用程序，可以只关闭文件窗口而不退出程序，如果退出程序，文件窗口随之关闭。

4. 比较"保存"和"另存为"两个命令。

新建的文件第一次进行保存时，使用"保存"命令和使用"另存为"命令作用相同，都会出现"另存为…"对话框，用户可以指定文件名和保存位置。

已经命名的文件，编辑后使用"保存"命令，则直接以原文件名保存到原来的位置，文件内容发生变化；如果使用"另存为"命令，则出现"另存为…"对话框，用户可以指定新的文件名和保存位置，文件内容为编辑后的内容，原文件的内容不发生变化。

5. 比较"窗口"和"对话框"。

窗口可以改变大小，对话框不能改变大小；窗口和对话框都能移动位置；有的窗口分为程序窗口和文档窗口，程序窗口有菜单栏，对话框没有菜单栏；对话框含有允许用户"确认"或"取消"的命令按钮，窗口没有此类按钮。

6. 计算机进入睡眠状态和屏保状态有什么不同？

计算机睡眠时，内存中的数据将被保存到硬盘上，切断除内存以外的所有设备的供电，当从睡眠状态转入正常状态时，系统将继续从内存中保存的状态运行。计算机设置睡眠是对电源进行管理，不需要设置密码。

计算机在一段时间内没有使用鼠标或键盘而进入屏幕保护状态，用于保护显示器或防止他人使用计算机，解除屏幕保护通常需要输入密码。

第 3 篇
Word 2016 应用

第 1 单元　基本知识点

1. Word 2016 基本操作

1.1　创建 Word 文档

1.1.1　启动 Word 2016

单击任务栏"开始"按钮,打开程序列表,单击 Word 2016,或者双击桌面快捷方式都可打开 Word 2016 初始界面。单击"空白文档",即创建一个空白文档,默认文档名为"文档 1"。通过任务栏也可以快速启动 Word 2016。

Word 2016 窗口由标题栏、功能区、编辑区和状态栏等部分组成,如图 3-1 所示。

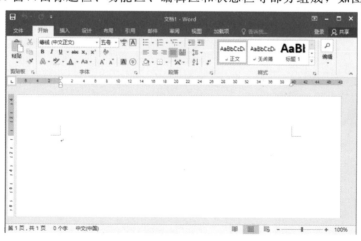

图 3-1

（1）标题栏

标题栏在 Word 2016 工作界面最上面，用于显示正在操作的文档名称及程序名称，主要包含如图 3-2 所示内容。

①快速访问工具栏　　　　②文档和软件名称　　　　③窗口控制按钮

图 3-2

（2）功能区

Word 2016 以各种功能区代替传统菜单。功能区位于标题栏的下方，称为功能选项卡，当单击各选项卡标签时，会切换到与之相对应的功能区面板。

各选项卡标签依次是"文件""开始""插入""设计""布局""引用""邮件""审阅""视图"和"加载项"。每个选项卡根据功能的不同分为若干个功能组，每个组由不同功能的按钮组成。

Word 2016 提供了包括页面视图、阅读版式视图、Web 版式视图、大纲视图和草稿 5 种视图模式供用户选择。图 3-1 所示的页面视图是 Word 的默认视图。

（3）编辑区

位于 Word 2016 工作界面中央位置的空白区域就是编辑区，对文本编辑的操作都在该区域完成。其中，闪烁的光标是用于显示当前文档正在编辑的位置。在文档编辑区的右侧和下方会出现垂直滚动条和水平滚动条，通过拖动滚动条可显示文档其他内容。

（4）状态栏

状态栏位于窗口最下方，主要用于显示与当前工作状态相关的信息，如当前页码、总页数、该文档总字数等。

1.1.2　创建 Word 文档

启动 Word 后，新建空白文档常用方法如下。

方法 1：使用 Ctrl＋N 组合键，可新建一个文档。

方法 2：单击快速访问工具栏的"新建"按钮，可新建一个文档。

方法 3：单击"文件"选项卡标签，选择"新建"选项，单击"空白文档"图标可创建一个空白文档。

1.1.3　关闭 Word 文档

以下 3 种方法可以关闭文档，但不退出 Word。

方法 1：单击"文件"选项卡，选择"关闭"选项。

方法 2：打开多个 Word 文档时，单击窗口右上角的"关闭"按钮可以关闭当前文档。

方法 3：使用快捷键 Ctrl＋F4。

在关闭文档之前若未保存该文档，则系统会弹出对话框，询问是否保存对文档所做的修改。

1.1.4 保存 Word 文档

（1）保存新建文档

Word 文档编辑完后，需要进行保存，保存的方法有以下几种。

方法 1：单击"文件"选项卡，选择"保存"选项。

方法 2：单击快速访问工具栏的"保存"按钮。

方法 3：使用 Ctrl＋S 组合键。

方法 4：使用 Ctrl＋W 组合键。

新建文档第一次执行"保存"操作后，会切换到"另存为"功能面板，在窗格中单击"浏览"即可弹出如图 3-3 所示的对话框。

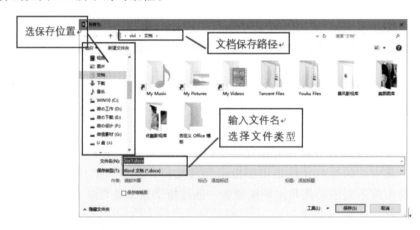

图 3-3

在左侧窗格选择保存文档的磁盘，在"文件名"输入框中输入文件名，"保存类型"中默认的保存类型为"Word 文档（＊.docx）"，单击"保存"按钮后，则保存为一个扩展名为"docx"的文档。

（2）保存已有文档

若文档已被保存过，再次执行保存操作时，不会打开"另存为"对话框，系统会自动把该文档的最新内容以原有的路径和文件名保存下来，覆盖原文档。若对已经保存过的文档需要换名或换位置保存，需要单击"文件"选项卡，选择"另存为"选项，方法同上。

1.1.5 退出 Word 2016

退出 Word 时，既关闭了 Word 文档，又停止了 Word 运行。常用的方法有以下 3 种。

方法 1：使用窗口标题栏右侧的"关闭"按钮。

方法 2：打开控制菜单，选择"关闭"选项。

方法 3：使用快捷键 Alt＋F4。

1.2 编辑文档

1.2.1 录入文本

在 Word 窗口编辑区可以看见鼠标光标不停闪烁，此处为插入点，提醒用户开始输入文本。选择合适输入法后，可以通过键盘录入汉字、英文字符、数字、标点符号以及公式等。键盘无法输入的特殊字符、图片、形状、表格、艺术字等，可以通过"插入"功能完成输入。在录入文本的过程中，可以对错误内容进行删除，Delete 键删除插入点右边的字符，Backspace 键删除插入点左边的字符。

1.2.2　编辑文本

在编辑文档时，可以对文档进行删除、移动、复制、查找和替换等操作，在操作之前首先要选定要修改的文本。

删除选定的文本可以使用 Delete 键或 Backspace 键。复制选定的文本可以按住 Ctrl 键不放用鼠标拖动到目标位置，也可以使用组合键 Ctrl＋C 和 Ctrl＋V。选定的文本用鼠标拖动到目标位置后松开鼠标即可完成移动操作。

在编辑的过程中如果出现了误操作，可以使用撤销功能，单击快速访问工具栏上的"撤销"按钮可以用于取消最近对文档进行的误操作。要想撤销最近的几次操作可以直接按组合键 Ctrl＋Z 来实现。

查找文档中的文本时，单击"开始"选项卡"编辑"功能区的"查找"命令，或使用 Ctrl＋F 组合键，打开导航窗格，在导航窗格文本框中输入要查找的内容，并按回车键，在导航空格中将以浏览方式显示所有包含查找内容的片段，同时查找到的匹配文字会在文章中以黄色底纹标识。使用"编辑"功能区的"高级查找"命令，可以继续精确查找，如设置查找内容的格式，是否区分大小写、区分半角/全角、特殊格式符号等。如果需要对查找的文本进行替换，可以在"查找和替换"对话框中选择"替换"选项卡，输入指定的内容进行操作。

2. 设置文档格式

2.1　设置字符格式

Word 2016 默认的设置是"等线，5 号"。用户可以对字符进行字体、字号、字形、颜色、字符间距等方面的设置。

在设置文档中字符的格式时，可以在选定文本后使用"开始"选项卡"字体"功能区的命令或使用浮动工具栏中的命令进行简单设置。如果需要进行详细设置，则应当使用"字体"对话框。如果想把已有的文本格式复制给其他文本，可以使用"格式刷"快速完成。

清除字符格式的方法有两种：使用"清除格式"按钮清除已设置的格式；使用样式组中的"清除格式"功能。

2.2　设置段落格式

在 Word 中，段落是指以回车符号作为标记的一段文本，段落可以作为独立的格式编排单位。对段落的设置主要包括以下几个方面：对齐方式、段间距和行距、分栏、首字下沉、段落底纹与边框、项目符号和编号等。针对段落操作不需要将全段选择，只需要将光标定位到该段落即可。

段落格式的设置方法大体可以分为 3 种：使用"段落"功能区；使用"浮动工具栏"；使

用"段落"对话框。

段落标记标志着一个段落的结束和下一个段落的开始，并将前一个段落的格式复制到下一个段落。

将段尾的段落标记删除后，上下两段就变成了一个段落。

3. 在文档中使用表格

3.1 创建 Word 表格

表格是由行和列组成，行列交叉处称为单元格。创建表格的方法包括以下几种：通过"表格网格"插入；使用"快捷表格"插入；使用"插入表格"对话框插入；通过"绘制表格"按钮手动绘制表格。

3.2 选定表格

在对表格中的内容进行编辑之前，首先要选定相应的单元格、行或列，也可以选定整个表格。选定多个不连续的单元格、行或列时，选定第一个对象后，按住 Ctrl 键的同时选定其他对象。

3.2.1 选定单元格

将鼠标指针移到要选定的单元格左侧，当指针变成朝右上的黑色实心箭头时，单击鼠标即可选定该单元格。

3.2.2 选定行

将鼠标指针移到表格某一行左侧空白处，当指针变成朝右上的空心箭头，单击鼠标即可选定该行，此时上下拖动鼠标，可以选定多个连续的行。

3.2.3 选定列

将鼠标指针移到表格某一列上方，当指针变成朝下的黑色实心箭头时，单击鼠标，则可选定该列，此时左右拖动鼠标，可以选定多个连续的列。

3.2.4 选定表格

将鼠标指针指向表格左上角，出现表格位置控制点符号后，单击该按钮即可选定表格。选定表格左上角的单元格向右下角方向拖动鼠标，也可以选定表格。

3.3 调整表格

用户可以根据需要对表格的结构、尺寸或位置等进行调整。

3.3.1 插入和删除行、列、单元格

在表格中插入行、列、单元格，可以使用快捷菜单，也可以使用"表格工具"浮动工具栏中的"布局"功能，还可以使用"插入"按钮快速插入一行或一列。此处以在表格中某一行的上方插入行为例(图 3-4)，进行操作说明，常用以下方法。

方法 1：选定目标行或将插入点定位到目标行的任意单元格中，右击，在快捷菜单中选择"插入→在上方插入行"。

图 3-4

方法 2：选定目标行或将插入点定位到目标行的任意单元格中，依次单击"表格工具→布局→行和列→在上方插入行"。

方法 3：将鼠标光标定位到想要插入行的分割线左侧位置，会出现表格插入按钮"⊕"，单击此按钮即可在该行上方处插入一行。

删除单元格、行或列的操作，可以使用快捷菜单或"布局"功能来完成。如果要删除单元格，可以使用"布局"功能来完成，也可以在选定表格后使用 Backspace 键或使用快捷菜单中的删除单元格命令，如图 3-5 和图 3-6 所示。

图 3-5

图 3-6

3.3.2　合并与拆分单元格

Word 可以将多个连续的单元格合并成一个单元格，也可以把一个单元格拆分成几个单元格。

(1)合并单元格

选定要合并的单元格，依次单击"表格工具→布局→合并→合并单元格"，或选择快捷菜单中的"合并单元格"选项。

(2)拆分单元格

选定或单击要拆分的单元格，依次单击"表格工具→布局→合并→拆分单元格"，或选择快捷菜单中的"拆分单元格"，在弹出的对话框中输入有关参数，单击"确定"按钮。

3.3.3　调整表格的行高与列宽

调整表格行高与列宽的方法主要有以下几种。

方法 1：使用鼠标拖动行、列分割线进行调整，适合于对行高、列宽要求不精确的时候。

方法 2：利用"布局"选项卡"单元格大小"功能组的"行高""列宽"编辑框进行精确

调整。

方法 3：利用"布局"选项卡"单元格大小"功能组的"分布列"按钮，可以将一行中多个相邻的单元格设置成相等的列宽；利用"分布行"按钮可以将表格中多个相邻的行设置成相等的行高。

方法 4：利用"布局"选项卡"单元格大小"功能组的"自动调整"按钮调整列宽，包括根据内容自动调整、根据窗口自动调整和固定列宽 3 种形式。

方法 5：利用"表格属性"对话框进行精确调整。

方法 6：利用表格尺寸控点对表格进行缩放。

3.3.4　调整表格的位置

方法 1：利用鼠标拖动表格，移动表格位置。将鼠标指针移动到表格中或在表格中单击，会出现"表格位置控点"，拖动该控点可以将表格移动到需要的位置。

方法 2：选定表格，利用表格属性对话框可以把表格定位到一个精确的位置。

方法 3：选定表格，利用"段落"功能组可以调整表格在页面中的水平位置。

3.4　格式化表格

表格中的文本同文档中的文本一样，可以改变字体、字号、字形和对齐方式等。

3.4.1　设置表格内数据的格式

(1)设置文本的对齐方式

表格建立后文本的对齐方式默认为靠上两端对齐。调整表格中文本对齐方式时，先选定单元格，然后利用"布局"选项卡"对齐"方式功能组进行水平对齐、垂直对齐及文字方向设置。如果只进行水平对齐设置可以利用"段落"功能组中的命令。

(2)设置文本的字符格式

利用"字体"功能组中的命令或"字体"对话框可以对表格中的文本进行相关设置。

(3)设置单元格边距

调整单元格的边距和间距，可以使表格变得美观。单击表格的任意单元格，选择"布局"选项卡"对齐方式"组中的"单元格边距"，即可打开"表格选项"对话框，输入单元格边距的参数，选择"允许调整单元格间距"，输入参数值，单击"确定"按钮。

3.4.2　设置表格的边框与底纹

用户可以给整个表格或表格中的部分单元格设置边框和底纹。

(1)设置表格的边框

选定表格，利用浮动工具栏、"设计"选项卡的"边框"功能组以及"边框和底纹"对话框，都可以完成设置，如图 3-7 所示。

(2)设置表格的底纹

操作方法和步骤与表格边框的设置类似。

图 3-7

3.4.3　设置多页表格标题行

Word 表格超过了一个页面，将自动拆分表格。要使分成多页的表格在每页的第一行都出现相同的标题行，可以做如下处理。

选定表格的第一行，单击"布局"选项卡"数据"功能组的"重复标题行"按钮。

3.5　表格与文本的转换

在 Word 文档中，可以将表格转换成文本，可以将文本转换成表格。将文本进行分隔的分隔符有段落标记、制表符和逗号等。

选定表格或将光标定位在要转换的表格的任意单元格中，单击"布局"选项卡"数据"功能组中"转换为文本"按钮，打开"表格转换成文本"对话框，如图 3-8 所示。在该对话框中选择一种文字分隔符，单击"确定"按钮，则将表格转换成文本。

图 3-8

3.6 排序与计算表格数据

3.6.1 对表格数据进行排序

Word 可以对数字、文本和日期数据进行排序操作，具体操作步骤如下。

将光标定位在表格任意单元格中，单击"布局"选项卡"数据"功能组中的"排序"按钮，打开排序对话框。在对话框中"主关键字"下拉列表中选择排序依据，在右侧选择排序方式，包括"升序"和"降序"。如果表格有标题行，则在最下面的"列表"中选择"有标题行"选项，单击"确定"按钮。注意：Word 只能对列数据进行排序，不能对行数据进行排序。

3.6.2 计算表格中的数据

在 Word 文档中，借助数学公式运算功能对表格中的数据进行数学运算，包括加、减、乘、除，以及求和、求平均值等常见运算。公式以"＝"开头，公式编辑完成后单击"确定"按钮，则可以在当前单元格返回计算结果。

4. 图文混排

4.1 插入与编辑图片

将光标定位在要插入图片的位置，依次单击"插入→插图→图片"，打开"插入图片"对话框，在该对话框中找到需要的图片，单击"插入"按钮，即可将图片插入文档中。

插入图片后，通常需要对图片进行编辑，如裁剪图片，设置文字环绕图片的方式，设置图片格式，设置图片样式，调整图片的颜色、背景、亮度及艺术效果等。这些操作可以通过"图片工具"中的"格式"选项卡实现，包括"调整""图片样式""排列"及"大小"4 个功能组。此处以设置文字环绕图片的方式为例进行说明。

插入图片后，图片与文档中其他文字的位置关系称为文字环绕方式，默认为嵌入式。设置方法为：选定图片，单击"排列"组的"环绕文字"，从环绕方式列表中选择一种，如四周型。

4.2 插入与编辑形状

插入形状时，依次单击"插入→插图→形状"，从中选择合适的形状，在文档中按住鼠标左键拖动到需要的大小，松开鼠标即插入相应的形状。

选定形状，可以使用快捷菜单或"格式"选项卡对其进行编辑，如添加文字、设置文字环绕方式、设置形状样式、对形状进行组合等。

4.3 插入与编辑文本框

文本框是一种特殊的形状，可以放置在文档中的任意位置，在设计特殊文档版式时应用较为广泛。利用"插入"选项卡的"文本"功能区，可以直接插入文本框或绘制文本框。对文本框进行编辑，包括样式、边框、填充效果、文字方向等，设置方法与普通形状设置方法相似。

4.4 插入与编辑艺术字

单击"插入→文本→艺术字"，选择所需样式，即出现插入艺术字文本框，输入文本，可以插入艺术字。

文档中的艺术字是作为形状对象插入的，可以像编辑形状那样编辑艺术字。

5. 设置文档页面

5.1　设置页面布局

Word 文档默认的纸张大小是 A4 纸，页面方向是纵向，没有页眉和页脚。选择"布局"选项卡，打开"页面设置"对话框，包括"页边距""纸张""版式"和"文档网格"4 个选项卡，可对相应的项目进行详细的设置，如纸张大小、纸张方向、页边距、页面垂直对齐方式等。

利用"插入"选项卡的"页眉和页脚"功能组，可以给文档创建"页眉和页脚"，并允许对页眉和页脚进行编辑，如插入页码、添加文本或图形、设置页眉和页脚是否奇偶页不同或首页不同。

5.2　设置页面背景

5.2.1　设置页面颜色

好的背景颜色可以使文档更加美观。为页面背景做颜色填充包括单色、双色、渐变、纹理、图案和图片等多种填充效果。使用"页面背景"功能组中"页面颜色"下拉列表中的选项可以完成设置。

5.2.2　设置页面边框

单击"页面背景"功能组中"页面边框"按钮，在弹出的"边框和底纹"对话框中可以设置边框样式、颜色以及线条宽度等，如图 3-9 所示。

图 3-9

5.2.3 设置水印

在文档中添加水印，可以使用图片或文字。单击"页面背景"功能组中"水印"按钮，从列表中选择一种预设的水印样式，页面中将自动添加水印效果。选择"自定义水印…"命令，可以打开"水印"对话框，自行设置图片或文字作为水印。

5.3 设置文档分隔

在 Word 中，用户可以对文档做适当的分隔处理，主要方式有文档分页、分节和分栏设置。

第 2 单元 巩固练习

一、单选题

1. Word 运行后，新建 Word 文档的快捷键是（　　　）。

A. Ctrl＋O　　　　　B. Ctrl＋N　　　　　C. Ctrl＋S　　　　　D. Ctrl＋A

2. 在 Word 编辑状态下，用来将插入点移至文档尾部的快捷键是（　　　）。

A. End　　　　　B. Shift＋End　　　　　C. Alt＋End　　　　　D. Ctrl＋End

3. 在使用 Word 编辑文本时，为了精确地选择文字，可先把光标定位在起始位置，然后按住（　　　）键单击结束位置。

A. Ctrl　　　　　B. Alt　　　　　C. Shift　　　　　D. Esc

4. 在 Word 编辑状态，用来将插入点移至文档首部的快捷键是（　　　）。

A. Home　　　　　B. Shift＋Home　　　　　C. Alt＋Home　　　　　D. Ctrl＋Home

5. 在 Word 编辑状态下，当前输入的文字显示在（　　　）。

A. 鼠标光标处　　　　B. 插入点处　　　　C. 文档尾部　　　　D. 当前行首部

6. 编辑 Word 文档时，如果插入点在行首，选定一行的快捷操作是（　　　）。

A. 按 Shift＋End 键　　　　　　　　B. 按 Shift＋H 键

C. 按 Ctrl＋End 键　　　　　　　　D. 按 Ctrl＋H 键

7. 在 Word 文档编辑过程中，要进行文本查找，可以使用的快捷键是（　　　）。

A. Ctrl＋C　　　　　B. Ctrl＋F　　　　　C. Ctrl＋S　　　　　D. Ctrl＋A

8. 在 Word 文档中，选定一个段落的含义是（　　　）。

A. 选定段落中的全部文本　　　　　　B. 将插入点移到段落中

C. 选定包括段落标记在内的整个段落　　D. 选定段落标记

9. 在 Word 编辑状态下，用来将插入点移至文档行首的快捷键是（　　　）。

A. Home　　　　　B. Shift＋Home　　　　　C. Alt＋Home　　　　　D. Ctrl＋End

10. 在 Word 编辑状态下，用来将插入点移至文档行尾的快捷键是（　　　）。

A. Ctrl＋End　　　　　B. Shift＋End　　　　　C. Alt＋End　　　　　D. End

11. 在 Word 编辑状态下，选定全部文本的快捷键是（　　　）。

A. Ctrl＋A　　　　　B. Ctrl＋Home　　　　　C. Ctrl＋End　　　　　D. Ctrl＋Q

12. 将剪贴板中的信息复制到文档插入点位置的快捷键是（　　）。

A. Ctrl＋A　　　　　B. Ctrl＋X　　　　　C. Ctrl＋C　　　　　D. Ctrl＋V

13. 在 Word 中，我们通常需要为文档设置页码，一般页码应位于（　　）。

A. 正文部分　　　　　　　　　　B. 标题部分

C. 页眉、页脚区域　　　　　　　D. 文件的任何部分

14. 段落标记是在输入（　　）之后产生的。

A. 句号　　　　　　B. 回车　　　　　C. Shift＋回车　　　　D. 分页符

15. 在 Word 中，鼠标单击选定栏，结果是选定（　　）。

A. 一句　　　　　　B. 一行　　　　　C. 一段　　　　　D. 全部文档

16. Word 2016 默认的字体、字号是（　　）。

A. 宋体，四号　　　B. 仿宋，四号　　　C. 宋体，五号　　　D. 等线，五号

17. 要复制字符格式而不复制文字时，需用（　　）按钮。

A. 剪切　　　　　　B. 复制　　　　　C. 格式刷　　　　　D. 粘贴

18. 在 Word 2016 的编辑状态下，给文档添加页码，应使用（　　）选项卡。

A. 插入　　　　　　B. 开始　　　　　C. 布局　　　　　D. 引用

19. 在 Word 文档中，段落标记的位置在（　　）。

A. 段落的开头　　　B. 段落的结尾　　　C. 段落的中间　　　D. 段落的句号处

20. 打开 Word 文档的快捷键是（　　）。

A. Ctrl＋O　　　　　B. Ctrl＋S　　　　　C. Ctrl＋M　　　　　D. Ctrl＋Q

21. 在编辑 Word 文档时，将文档中所有的"计算机"都修改为"Computer"的便捷操作是（　　）。

A. 中英文转换　　　B. 查找和替换　　　C. 文本翻译　　　D. 改写

22. 将文档中的一部分内容复制到其他位置，首先进行的操作是（　　）。

A. 选定文本　　　　B. 复制文本　　　　C. 粘贴文本　　　　D. 剪切文本

23. 在 Word 表格中，按（　　）键可以将光标移到下一个单元格。

A. Alt　　　　　　　B. Tab　　　　　C. Enter　　　　　D. PageDown

24. 录入英文字母时，大小写切换键是（　　）。

A. Ctrl　　　　　　B. Shift　　　　　C. CapsLock　　　　D. Tab

25. 在 Word 中插入一张空白表格时，当"列宽"设置为"自动"时，系统的处理方法是（　　）。

A. 设定列宽为 8 个字符　　　　　B. 根据列数和页面的宽度自动进行处理

C. 设定列宽为 8 个汉字　　　　　D. 根据预先设定的默认值处理

26. 选择输入法的快捷键是（　　）。

A. Ctrl＋空格　　　B. Ctrl＋Shift　　　C. Shift＋空格　　　D. Alt＋Shift

27. 在编辑文本时，（　　）键可用于在插入和改写两种状态之间的切换。

A. Insert　　　　　B. Home　　　　　C. Tab　　　　　D. End

28. 使图片按比例缩放应选用（   ）方法。

A. 拖动图片边框线中间的控制柄　　　　B. 拖动图片四角的控制柄

C. 拖动图片边框线　　　　　　　　　　D. 拖动图片边框线控制柄

29. Word 2016"文件"选项卡中"关闭"命令的作用是（   ）。

A. 关闭 Word 程序窗口，退出 Word

B. 关闭 Word 文档窗口，不退出 Word

C. 关闭 Word 程序窗口，返回文件资源管理器窗口

D. 关闭 Word 文档窗口，返回桌面

30. 在进行"打印"设置时，"打印当前页"是指（   ）。

A. 打印当前窗口显示的页　　　　　　　B. 打印光标插入点所在的页

C. 打印最早打开的页　　　　　　　　　D. 打印文档的首页

31. 在 Word 中打开了一个文档，编辑后进行"保存"操作，该文档（   ）。

A. 保存后被关闭

B. 可以保存在已有的其他文件夹下

C. 可以保存在新建文件夹下

D. 保存在原文件夹下

32. Word 文档中页面的格式设置不包括（   ）。

A. 设置页边距　　　　　　　　　　　　B. 设置行间距

C. 设置纸张大小　　　　　　　　　　　D. 设置文字方向

33. 在 Word 的编辑状态下，执行两次"剪切"操作后，则剪切板中（   ）。

A. 仅有第一次剪切的内容　　　　　　　B. 仅有第二次剪切的内容

C. 有两次"剪切"的内容　　　　　　　　D. 无内容

34. 对 Word 文档进行了编辑修改，执行"关闭"操作时，（   ）。

A. 文档不能被关闭，并提示出错

B. 文档将被关闭，并自动保存修改后的内容

C. 文档将被关闭，修改后的内容不能保存

D. 文档将被关闭，并询问是否保存对文档的修改

35. 在 Word 中，关于文本框的描述错误的是（   ）。

A. 文本框可以与文字重叠　　　　　　　B. 文本框有多种文字环绕方式

C. 文本框随着其中的内容增多逐渐增大　D. 文本框内的文字可以旋转方向

36. 在 Word 2016 中，能显示页眉和页脚的视图方式有（   ）。

A. 页面视图　　　B. 大纲视图　　　C. Web 版式视图　　　D. 草稿

37. 对已建立的"页脚"，要打开它可以双击（   ）。

A. 文本区　　　B. 页眉、页脚区　　　C. 功能区　　　D. 快捷工具栏区

38. 插入图片到 Word 文档中，默认版式为（   ），即不能随意移动位置，也不能在其周围环绕文字。

A. 四周型　　　　B. 上下型　　　　C. 嵌入型　　　　D. 紧密型

39. Word 2016 中的"数字统计"命令统计出的信息不包括(　　)。

A. 页数　　　　　　　B. 字数　　　　　　　C. 段落数　　　　　　D. 标点符号数

40. 打开 Word 文档是指(　　)。

A. 从内存中读取文档的内容,并显示在屏幕上

B. 为指定文档开设一个新的空白窗口

C. 把文档的内容从外存调入内存,并显示在屏幕上

D. 显示并打印指定的文档内容

41. Word 2016 提供了多种显示文档的方式,其中有"所见即所得"效果的显示方式是(　　)。

A. 阅读版式视图　　B. 页面视图　　　　C. 大纲视图　　　　D. 草稿

42. 正在编辑的 Word 文档名称显示在(　　)。

A. 快速访问工具栏　B. 任务栏　　　　　C. 状态栏　　　　　D. 标题栏

43. 编辑 Word 文档时,如果需要设定灵活多样的排版形式,使用(　　)进行排版可以完成这个工作。

A. 分栏　　　　　　B. 文本框　　　　　C. 表格　　　　　　D. 艺术字

44. 用户可以利用"数据"选项卡的"排序"命令对表格中的数据按(　　)进行排序。

A. 标题　　　　　　B. 单元格　　　　　C. 列　　　　　　　D. 行

45. 在 Word 2016 中,可以通过(　　)选项卡对所选内容添加批注。

A. 开始　　　　　　B. 布局　　　　　　C. 引用　　　　　　D. 审阅

46. 在 Word 2016 中,可以使用"审阅"选项卡中"校对"功能组的"拼写和语法"对文本进行检查,如果在单词的下面出现红色波浪线,表示(　　)。

A. 拼写和语法错误　　　　　　　　B. 句法错误

C. 系统错误　　　　　　　　　　　D. 其他错误

47. 在 Word 2016 文本编辑中,页边距由(　　)设置。

A."插入"选项卡中的"页面"

B."布局"选项卡中的"页面设置"

C."布局"选项卡中的"排列"

D."插入"选项卡中的"页眉和页脚"

48. 在编辑 Word 2016 文档时,若要设置打印输出时的纸型,应从(　　)选项卡调用"页面设置"功能组中的命令。

A. 视图　　　　　　B. 设计　　　　　　C. 布局　　　　　　D. 文件

49. 在 Word 中,对所选段落进行分栏后,Word 自动在段落的前后插入(　　)。

A. 分页符　　　　　B. 分栏符　　　　　C. 连续分节符　　　D. 换行符

50. 在 Word 编辑状态下,保存 Word 文档的快捷键是(　　)。

A. Ctrl＋O　　　　　B. Ctrl＋N　　　　　C. Ctrl＋S　　　　　D. Ctrl＋P

51. 在 Word 编辑状态下,关闭文档的快捷键是(　　)。

A. Ctrl＋F4　　　　　B. Ctrl＋F5　　　　　C. Alt＋F4　　　　　D. Alt＋F5

52. 双击 Word 文档中的图片，产生的效果是（　　　　）。

A. 弹出快捷菜单

B. 选中该图片

C. 选中该图片，同时启动"图片工具"浮动工具栏进入图片编辑状态

D. 将该图片添加边框

53. 在 Word 编辑状态下，打开 Word 文档的快捷键是（　　　　）。

A. Ctrl＋O　　　　　B. Ctrl＋N　　　　　C. Ctrl＋S　　　　　D. Ctrl＋P

54. "编辑"功能组中的"查找"命令能否查找段落控制符。（　　　　）

A. 能　　　　　B. 不能　　　　　C. 无法确定　　　　　D. 只能找到第一个

55. 在 Word 文档窗口中，若选定的文本块中包含有多种字号的字符，则"字体"功能组的字号列表框中显示（　　　　）。

A. 空白　　　　　　　　　　B. 文本块中最大的字号

C. 首字符的字号　　　　　　D. 文本块中最小的字号

56. 在 Word 中，对于一段分散对齐的段落，如果只选定其中的几个字符，然后用鼠标左键单击"居中"命令按钮，则（　　　　）。

A. 整个文档变成居中格式　　　　B. 整个段落变成居中格式

C. 仅被选定的文字变成居中格式　　D. 格式不变，操作无效

57. 在 Word 2016 中，以下对表格操作的叙述，错误的是（　　　　）。

A. 在表格的单元格中，除了可以输入文字、数字，还可以插入图片

B. 表格的每行中各单元格的宽度可以不同

C. 表格的每行中各单元格的高度可以不同

D. 表格的表头单元格可以绘制斜线

58. 关于 Word 2016，下列叙述正确的是（　　　　）。

A. 可能没有状态栏　　　　　　　B. 可能没有标尺

C. 可能没有标题栏　　　　　　　D. 状态栏、标尺、标题栏一定都有

59. 按（　　　　）键，可以删除光标所在位置左边的一个字符。

A. Delete　　　　　B. Backspace　　　　　C. Break　　　　　D. CapsLock

60. 在 Word 2016 文档中设置首字下沉可以通过执行（　　　　）来实现。

A. "开始→段落→首字下沉"　　　　B. "布局→段落→首字下沉"

C. "开始→编辑→首字下沉"　　　　D. "插入→文本→首字下沉"

61. 在 Word 文档编辑状态下，选中部分文字进行字体格式设置后，按新设置的字体显示的是（　　　　）。

A. 文档的全部文字　　　　　　　B. 插入点所在行的文字

C. 文档中被选中的文字　　　　　D. 插入点所在段落的文字

62. 在 Word 文档中，选定文档部分内容后，使用鼠标拖动方法将其移动时，配合的键盘操作是（　　　　）。

A. 按住 Shift 键　　　　　　　　B. 按住 Ctrl 键

C. 按住 Alt 键　　　　　　　　　　　D. 不做操作

63. 在 Word 中，如果当前光标在表格中某一行的最后一个单元格的外框线上，按下回车键后，将会（　　　）。

A. 光标所在的行加高　　　　　　　　B. 光标所在的列加宽

C. 在光标所在行下面增加一行　　　　D. 对表格不起作用

64. 下面关于分栏的叙述中，正确的是（　　　）。

A. 可以给一个自然段分栏，但不能给两个以上的连续段分栏

B. 分栏后的结果可以在"阅读视图"中显示

C. 分栏后的结果可以在"页面视图"中显示

D. 分栏后的结果只有在打印预览中才能看到

65. 要插入一个人工分页符，最直接的方法是在光标所在的位置按（　　　）组合键。

A. Ctrl＋Enter　　　　　　　　　　　B. Alt＋Enter

C. Shift＋Enter　　　　　　　　　　　D. Tab＋Enter

66. Word 中的平均分布行或列指的是（　　　）。

A. 整个一行　　　　　　　　　　　　B. 整个一列

C. 整个表格　　　　　　　　　　　　D. 所选定的几行或几列

67. 通过以下哪种方法可以最便捷地统计文档的行数和段落数（　　　）。

A. 使用"审阅"中的"字数统计"功能

B. 查看状态栏显示的信息

C. 查看文档"属性"中的"详细信息"

D. 使用"视图"中的"多页"显示

二、多选题

1. 在 Word 文档中，能打开"定位"对话框的操作有（　　　）。

A. 按 F5 键

B. 使用快捷键 Ctrl＋G

C. 单击"审阅"选项卡中的"智能查找"命令

D. 单击"编辑"功能组中的"替换"命令

2. 下列操作（　　　）属于 Word 的字符格式化。

A. 字符加粗　　　　B. 改变字号　　　　C. 设置字符颜色　　D. 字符倾斜

3. 在 Word 文档中，要将其中一部分内容复制到文档中的另一位置，应进行下列操作中的哪几项（　　　）。

A. 查找　　　　　　B. 选定文本内容　　C. 粘贴　　　　　　D. 复制

4. 对 Word 文档进行"字数统计"时，该命令统计出的信息包括（　　　）。

A. 字数　　　　　　B. 页数　　　　　　C. 段落数　　　　　D. 标点符号数

5. 在 Word 中，段落格式化的设置包括（　　　）。

A. 首行缩进　　　　B. 行距　　　　　　C. 对齐方式　　　　D. 文本颜色

6. 在 Word 中，关于"查找和替换"操作的说法正确的是（　　　）。

A. 可以查找指定字体的内容

B. 可以利用拼音查找文本中读音相同的汉字

C. 可以使用通配符进行查找

D. 查找内容可以设置区分大小写

7. 关于 Word 中段落标记的叙述，正确的是(　　)。

A. 段落标记可以隐藏

B. 可以设置自动分段

C. 删除段落标记后两个段落合并成一段

D. 段落标记可以打印出来

8. 在 Word 中，设置分栏排版时，能设置的项目是(　　)。

A. 分栏数　　　　　B. 栏宽　　　　　C. 分隔线的线型　　D. 应用范围

9. 在 Word 2016 中，要查看或删除分节符，需要在(　　)视图中进行。

A. 页面　　　　　B. 阅读版式　　　　C. Web 版式　　　　D. 草稿

10. Word 2016 分节符不可能呈现的形式是(　　)。

A. 双虚线　　　　　B. 双实线　　　　　C. 单虚线　　　　　D. 单实线

11. 使表格多行具有相同的行高，可以选定这些行，通过(　　)进行设置。

A. 在快捷菜单中"平均分布各行"

B. 在"表格属性"对话框中指定行高

C. 根据窗口调整表格

D. 根据内容调整表格

12. 在 Word 中，关于文本框的描述正确的是(　　)。

A. 可以设置边框线的粗细和颜色

B. 文本框不能旋转

C. 可以设置文本框的高度与宽度

D. 文本框可以衬于文字下方

13. 下面各类符号中(　　)是分隔符。

A. 分页符　　　　　B. 分栏符　　　　　C. 分节符　　　　　D. 分章符

14. 在 Word 表格中能使插入点在单元格间移动的操作是(　　)。

A. Shift＋Tab　　　　B. Tab　　　　　C. Backspace　　　　D. Ctrl＋Home

15. 在编辑 Word 文档时，要移动一段已经选定的文本，可以使用的方法是(　　)。

A. 通过"剪切"和"粘贴"菜单命令

B. 通过"删除"和"恢复"工具栏按钮

C. 通过 Ctrl＋X 和 Ctrl＋V 键盘命令

D. 通过拖放的方法

16. 在 Word 编辑状态下，对于选定的文字可以进行的设置是(　　)。

A. 加下划线　　　　B. 加着重号　　　　C. 动态效果　　　　D. 自动版式

17. 在 Word 中，下列对象能直接在其中添加文字的是(　　)。

A. 插入文档中的图片　　　　　　　B. 插入文档中的"椭圆"

C. 插入文档中的"矩形"　　　　　　D. 插入文档中的文本框

18. 下列关于形状的操作叙述正确的是(　　　)。

A. 依次单击各个形状可以选择多个形状

B. 按 Ctrl 键，依次单击各个形状可以选择多个形状

C. 选中形状后，才能对其进行编辑操作

D. 可以在形状中添加文字

19. 在 Word 2016 中，下列有关"首字下沉"命令的说法中正确的是(　　　)。

A. 最多可下沉三行

B. 可悬挂下沉

C. 可根据需要调整下沉行数

D. 可根据需要调整下沉文字与正文的距离

20. 删除一个段落标记符后，前、后两段将合并成一段，关于段落格式的描述不正确的是(　　　)。

A. 后一段没有变化

B. 后一段将采用前一段的格式

C. 后一段格式不确定

D. 前一段将采用后一段的格式

21. 在 Word 文档中，插入表格的操作时，以下说法错误的是(　　　)。

A. 可以调整每列的宽度，但不能调整行的高度

B. 可以调整每行和列的宽度和高度，但不能随意修改表格线

C. 不能画斜线

D. 可以画斜线

22. 当剪贴板中的"剪切"和"复制"按钮颜色暗淡，不能使用时，下列说法错误的(　　　)。

A. 此时只能从"编辑"功能组中调用"剪切"和"复制"命令

B. 选定的内容太长，剪贴板容纳不下

C. 剪贴板已经有了要剪切或复制的内容

D. 在文档中没有选定任何内容

23. 在 Word 文档中插入分页符，可以通过(　　　)进行操作。

A. 插入→页面→分页

B. 布局→页面设置→分隔符→分页符

C. 开始→段落→分页

D. 审阅→编辑→分隔符→分页符

24. 在 Word 2016 中，可以选定整个表格的操作是(　　　)。

A. 用鼠标拖动

B. 单击表格左上角的表格移动句柄

C. 双击表格的某一行

D. 在"表格工具"浮动工具栏中依次单击"布局→表→选择→选择表格"

25. 退出 Word 2016 可以选择的操作有（   ）。

A. 单击控制菜单中的"关闭"按钮

B. 使用组合键 Alt＋F4

C. 在"文件"菜单中选择"关闭"命令

D. 使用标题栏右侧的"关闭"按钮

26. 在 Word 2016 文档中插入图片后，可以通过"图片工具"对图片进行哪些操作美化（   ）。

A. 删除背景   B. 设置艺术效果

C. 设置图片样式   D. 裁剪图片

27. 用户打开了一个已有文档"信息.docx"，接着新建了一个空白文档，下列说法正确的是（   ）。

A. "信息.docx"被关闭

B. "信息.docx"和新建的文档均处于打开状态

C. 标题栏显示"文档1—Word"

D. 屏幕显示新建的文档窗口

28. Word 2016 在页面视图中显示的效果，能够打印出来的有（   ）。

A. 字体颜色   B. 字符阴影   C. 文字的动态效果 D. 删除线

29. 要想在表格的底部增加一空白行，正确的操作是（   ）。

A. 选定表格的最后一行，依次单击"表格工具→布局→行和列"中的"在下方插入行"命令

B. 将插入点移到表格右下角的单元格中，按 Tab 键

C. 将插入点移到表格右下角的单元格中，按 Enter 键

D. 将插入点移到表格右下角的单元格外，按 Enter 键

30. 利用 Word 2016"图片工具"中的"格式"选项卡，对文档中的图片可以进行哪些操作（   ）。

A. 裁剪图片   B. 设置图片布局

C. 设置图片样式   D. 添加图片边框

31. 在 Word 2016 中插入艺术字后，通过"绘图工具"可以对它进行（   ）操作。

A. 删除背景   B. 艺术字样式   C. 文本对齐方式 D. 文字方向

32. 关于 Word 2016 文档中"节"的说法正确的是（   ）。

A. 整个文档可以是一节，也可以将文档分成多节

B. 分节符由两条点线组成，点线中间有"分节符"几个字

C. 分节符只能在页面视图中看见

D. 每一节可采用不同的格式排版

33. 关于页眉和页脚说法正确的有（   ）。

A. 可以插入图片   B. 可以添加文字

C. 不可以插入图片　　　　　　　　　　　D. 可以插入文本框

34. 在 Word 的编辑状态下，执行两次"剪切"操作，下列说法错误的是（　　　）。

A. 剪贴板中仅有第一次被剪切的内容

B. 剪贴板中仅有第二次被剪切的内容

C. 剪贴板中有两次被剪切的内容

D. 剪贴板中无内容

35. Word 文档的页面背景类型可以是（　　　）。

A. 水印　　　　　　B. 图片　　　　　　C. 单色　　　　　　D. 渐变颜色

36. 在 Word 2016 中，使用（　　　）可以设置已选段落的边框和底纹。

A."段落"功能组中的"边框"和"底纹"命令

B."字体"功能组中的"字符边框"和"字符底纹"命令

C."设计"选项卡"页面背景功能组"中的"页面边框"命令

D."布局"选项卡中的"边框和底纹"命令

37. 下面说法中正确的是（　　　）。

A. 状态栏位于文档的底部，可以显示页号、节号、页数等内容

B. 滚动条是位于文档窗口右侧和底边的灰色条

C. 通常情况下，菜单栏中有 6 个菜单

D. 标题栏可以显示软件名称和文档名称

38. 在 Word 文本编辑过程中，用以下哪些方法可以移动选定的文本（　　　）。

A. 用鼠标拖动该文本块

B. 用"剪切"和"粘贴"命令

C. 用 Ctrl＋X 组合键和 Ctrl＋V 组合键

D. 用 Ctrl＋C 组合键和 Ctrl＋V 组合键

39. 在 Word 文档中如何选定一个段落（　　　）。

A. 按 Ctrl＋A 组合键

B. 光标在该段落中三击鼠标左键

C. 使光标在选定栏中，双击鼠标左键

D. 按住鼠标左键自段落起始位置拖动到终止位置

40. 编辑 Word 时，如何在文本中加入省略号"……"（　　　）。

A. 组合键"Ctrl＋Alt＋."

B. 组合键"Shift＋6"

C. 组合键"Ctrl＋Shift＋."

D."插入"选项卡中的"符号"命令

41. 在 Word 中，有关艺术字的下面说法正确的是（　　　）。

A. 艺术字也是一种对象

B. 可以给艺术字设置阴影和三维效果

C. 可以对艺术字进行旋转

D. 艺术字的内容一经确定不能修改

42. 在"视图"选项卡中，可以设置（　　）。

A. 是否显示网格线　　　　　　　　B. 是否显示编辑栏

C. 是否显示滚动条　　　　　　　　D. 是否显示标尺

43. 利用 Word 水平标尺可以完成的编辑功能是（　　）。

A. 设置段落缩进　　　　　　　　　B. 调整页面左右边距

C. 调整字符边距　　　　　　　　　D. 调整表格的列宽

44. 关于 Word 对象的叙述，正确的是（　　）。

A. 只要用鼠标单击对象就可以将其选定

B. 对"浮动式"和"嵌入式"对象的操作没有区别

C. 对象可以调整大小、移动、复制、删除、设置格式

D. 单击对象外的任意位置，已选定的对象即被撤销

45. 以下关于 Word 2016 表格中斜线的说法，正确的是（　　）。

A. 从一个单元格的一角只能画出一条斜线

B. 从一个单元格的一角可画出两条以上的斜线

C. 在有斜线的单元格中，可直接输入文本，而文本会自动避开斜线

D. 在有斜线的单元格中，为使文本不在斜线上，应将插入点放在文本前，再按 Space 键

46. 在 Word 2016 中修改形状的大小时，若想保持其长宽比例不变，应该怎样操作？
（　　）

A. 用鼠标拖动四角上的控制点

B. 按住 Shift 键，同时用鼠标拖动四角上的控制点

C. 按住 Ctrl 键，同时用鼠标拖动四角上的控制点

D. 在设置形状"大小"时选择"锁定纵横比"，用鼠标拖动四角上的控制点

47. 在 Word 的"字体"对话框中可以设置的效果有（　　）。

A. 下标　　　　B. 字符间距　　　　C. 居中　　　　D. 字号

48. 在 Word 的"段落"对话框中可以设置的效果有（　　）。

A. 行距　　　　B. 字号　　　　C. 缩进　　　　D. 居中

三、填空题

1. Word 2016 是（　　）开发的文字处理软件。

2. 启动 Word 2016 后的初始界面，左侧区域为"最近使用的文档"列表，右侧区域为
（　　）。

3. 通常 Word 2016 文档的默认扩展名是（　　）。

4. Word 2016 模板文件的扩展名是（　　）。

5. 编辑 Word 文档时，复制、剪切文本之前，应当先（　　）。

6. 设置 Word 文档行距时，共有（　　）、（　　）、（　　）、（　　）、（　　）和（　　）6
种类型。

7. 若想在屏幕上显示标尺，应当使用"视图"选项卡中"显示"功能组的（　　）。

8. 在 Word 中，当鼠标指针位于选定栏，单击左键则选定（　　　），双击左键则选定（　　　），三击左键则选定（　　　）。

9. 单击"文件"选项卡→"信息"→（　　　）命令，可以限制用户对文档进行编辑、复制等操作。

10. 将鼠标指针移动到文本中，按住（　　　）键，然后按住鼠标左键拖动，可以选定一个竖文本块。

11. 在绘制图形时，按住（　　　）键上、下、左、右移动对象，可以精确地调整位置。

12. Word 文件的新建、打开、保存、关闭都可以单击（　　　）选项卡，选择相关的命令实现。

13. 在 Word 中有一种可以移动、可调整大小的文字或图形容器，称为（　　　），使用它可以在文档中放置允许单独进行编辑的文字块。

14. 选定文本框时，文本框出现 8 个"小圆圈"，我们把它叫作"句柄"，它可以用来调整文本框的（　　　）。

15. 在 Word 文档中插入文本框和艺术字，可以在"插入"选项卡的（　　　）功能组中实现。

16. 在 Word 文档窗口左边有一列空列，其作用是选定文本，称为（　　　）。

17. 在字体格式中，U 表示给字符添加（　　　），I 表示使用（　　　）效果。

18. 在 Word 编辑状态下，要把一个段落分成两个段落，应进行的操作是在需要分段处按下（　　　）键。

19. 在"查找和替换"对话框中，单击"查找下一处"按钮，Word 自动从（　　　）开始向下搜索文档，查找指定的内容。

20. Word 文档段落缩进方式包括（　　　）、（　　　）、（　　　）和（　　　）。

21. 在 Word 中，字母、汉字、数字、标点符号和特殊符号等称为（　　　）。

22. 要预览 Word 文档的打印效果，可单击"文件"选项卡中的（　　　）命令。

23. 文本框中文字的方向分（　　　）和（　　　）两种式。

24. 设置字符格式常用的方法有 4 种：（　　　）、（　　　）、（　　　）和（　　　）。

25. 字符间距需要在（　　　）对话框中设置。

26. 在 Word 文档中插入图片、形状、图表，可以在"插入"选项卡的（　　　）功能组中实现。

27. Word 文档分栏功能属于"布局"选项卡的（　　　）功能组。

28. Word 中提供了 5 种段落对齐方式，其中包括左对齐、（　　　）、（　　　）、（　　　）和（　　　）。

29. Office 剪贴板中收集的"复制"或"剪切"项目最多可达（　　　）项。

30. Word 表格超过一个页面将自动拆分表格。要使分成多页的表格在每一页的第一行都出现相同的标题行，可以在"数据"功能组中设置（　　　）。

31. 在 Word 2016 中，当选定文档中的文字时，鼠标指针的右侧位置将会出现一个半透明状态的（　　　）。

32. "字体""段落"等功能组的右下角有一个小图标，称为（　　　）按钮。

33. 为了避免同一个单元格中的内容被分割到不同的页上，可在"表格属性"对话框的"行"选项卡中勾选（　　　）复选框。

34. 将光标定位在两个表格之间的段落标记，按（　　　）键可以合并两个表格。

35. 在 Word 文档中可以将文本转换成表格，常用的分隔符有（　　　）、（　　　）和（　　　），进行转换的文本应该使用相同的分隔符。

36. Word 可以对（　　　）进行排序操作，排序方式包括（　　　）和（　　　）。

37. 撤销错误操作的快捷键是（　　　）。

38. 恢复前面所做的撤销可以使用快捷键（　　　）。

39. 在 Word 中设置页边距可以使用（　　　）快速完成，也可以使用（　　　）进行精确设置。

四、判断题

1. Word 允许同时打开多个文档，所以可以同时对多个文档进行编辑。（　　　）

2. 在 Word 文档编辑状态下，选定一段文本，然后按下空格键，则被选定的文本被删除并产生一个空格。（　　　）

3. 段落标记是 Word 识别段落的标识，在打印文档时不会打印出来。（　　　）

4. 在 Word 中，选定表格的某一列，再按 Delete 键，结果是删除该列。（　　　）

5. 项目符号不能像项目编号一样自动增减号码。（　　　）

6. 在 Word 中，表格可以转换为文字，文字不可以转换为表格。（　　　）

7. 正在编辑的 Word 文档可以保存为纯文本类型的文件。（　　　）

8. 页眉与页脚在任何视图方式下都可以显示出来。（　　　）

9. 文档的页码只能是数字，而不能使用其他的符号。（　　　）

10. 在 Word 中，页眉和页脚的作用范围是当前"节"。（　　　）

11. Word 2016 有自动保存功能。（　　　）

12. 在 Word 表格中不能画出斜线。（　　　）

13. Word 提供了若干"表格样式"供用户使用。（　　　）

14. 在 Word 2016 中，单击文档中的位置 A，按住 Shift 键的同时再单击位置 B，两位置之间的内容被选定。（　　　）

15. 页边距是页面四周的空白区域，也就是正文与页面边界的距离。（　　　）

16. 在 Word 文档中可以实现文字环绕图片的效果。（　　　）

17. 在 Word 操作中，文档中插入图片后，图片的高度和宽度固定不变。（　　　）

18. Word 中删除一行被选定的文本，使用 Delete 键与 Backspace 键的效果相同。（　　　）

19. 利用"视图"选项卡可以实现多个 Word 窗口直接切换。（　　　）

20. 页面最多只能分为 4 栏。（　　　）

21. 样式是应用于文档中的文本、表格和列表等字符格式和段落格式的组合。（　　　）

22. 在形状中添加文本后，所添加的文本将成为形状的一部分，如果旋转或翻转该形状，则文本将与其一起旋转或翻转。（　　　）

23. 用户可以把文档分成任意多个节，每节都可以按照不同的需要设置不同的格式。
（　　）

24. 使用样式能减少许多重复的操作，提高排版的效率。（　　）

25. 在 Word 2016 中，分节符是两条平行的虚线，在大纲视图和页面视图中均可见。
（　　）

26. Word 2016 文档分节是通过插入"分节符"实现的。（　　）

27. 在制作 Word 表格时，可以用绘制表格笔来画表格线。（　　）

28. Word 2016 文档分节符可以当作普通字符删除。（　　）

29. 在 Word 文档中，超链接不能在文档内部实现，只能超链接到外部文件。（　　）

30. 在文本框中可以放置文本、图片、表格等内容，这些内容可以位于文档页面的任
何位置。（　　）

31. 模板是一种特殊的文档，其中保存了许多已设置好的文档格式，如页面设置、字
体格式、段落格式以及样式等。（　　）

32. 在 Word 中，只要鼠标在段内任意位置连续单击三次，即可选择该段落。（　　）

33. 在 Word 中，要取消"格式刷"功能，只需按 Esc 键或再次单击"格式刷"按钮即
可。（　　）

34. 在 Word 文档编辑状态下，选定一段文本，然后按下 Delete 键，则被选定的文本
进入剪贴板。（　　）

35. 在 Word 文档编辑状态下，选定一段文本，然后按下 Delete 键，则被选定的文本
进入回收站。（　　）

36. 在 Word 文档编辑状态下，选定一段文本，然后按下 Ctrl＋C 键，则被选定的文
本进入剪贴板。（　　）

37. 在 Word 2016 中，用户可以精确设置表格的行高和列宽。（　　）

38. 行距"最小值"是指适应行中字号最大的文字或图形所需要的最小行距。（　　）

39. 单倍行距是指文本所在行的行距等于行中最大字号文字的高度一倍大小的行距。
（　　）

40. 在 Word 文档中，艺术字既可以水平排列文字，也可以垂直排列文字。（　　）

41. 在打印预览状态下能对 Word 文档进行编辑。（　　）

42. 文字效果的设置包括文本填充与轮廓、阴影、映像及发光等。（　　）

43. 编辑 Word 文档时，在正文区中拖动鼠标可实现对文本的快速选定。（　　）

44. 编辑 Word 文档时，可以对插入的艺术字设置字体和字号。（　　）

45. 用户可以根据需要设置 Word 文档的视图显示比例。（　　）

46. 在 Word 文档中，每一节可采用不同的格式排版。（　　）

47. 在 Word 中，要把全文都选定，可用的快捷键为 Ctrl＋S。（　　）

48. 在 Word 窗口中，格式刷的作用是用于复制所有对象。（　　）

49. 在 Word 中，可以编辑文本框的形状。（　　）

50. 在搜狗拼音中文输入状态下，从键盘输入"jisuanji"，直接按回车键即可输入英文

字符"jisuanji"。（　　）

51. 在 Word 2016 中选定一个图形时，图形周围显示一个带有 4 个控点的虚线框。（　　）

52. 在 Word 2016 中，表格的行高可以通过拖动垂直标尺上的行标记来改变。（　　）

53. Word 具有分栏功能，但各栏的宽度必须相同。（　　）

54. 可以用鼠标左键单击窗口右上角的最小化按钮来结束 Word 工作。（　　）

55. 在输入文本过程中，按一次 Enter 键，则输入一个段落结束符。（　　）

56. 在 Word 表格中可以对数据进行排序，行、列数据都可以进行排序。（　　）

57. 在 Word 2016 中，表格底纹设置只能设置整个表格底纹，不能对单个单元格进行底纹设置。（　　）

58. 双击格式刷后，要取消格式刷可以使用 Esc 键。（　　）

59. 只要插入点在段落中就可以设置段落首字下沉。（　　）

60. 调整 Word 文档中的表格对齐方式为居中可以使用的组合键是 Ctrl＋E。（　　）

61. 在 Word 2016 中，鼠标指针所在的位置就是插入点的位置。（　　）

62. 底纹可以应用到选定的文字或文字所在的段落。（　　）

63. 字符边框可以应用到选定的文字或文字所在的段落。（　　）

64. 在 Word 文档编辑状态下，选择了整个表格，执行"删除行"命令，则表格中某一行被删除。（　　）

65. 选定 Word 表格后，按 Backspace 键可以将表格删除。（　　）

66. 选定 Word 表格后，按 Delete 键可以将表格删除。（　　）

67. 可以设置文本框的形状轮廓使其边框线不可见。（　　）

68. 可以给文本框设置渐变的填充颜色。（　　）

69. 单击"表格位置控点"可以选定整个表格，按住该控点拖动鼠标可以将表格移动到需要的位置。（　　）

70. 鼠标指针指向表格时表格右下角会出现"表格尺寸控点"，按住该控点拖动鼠标可以对表格进行缩放操作。（　　）

五、简答题

1. 写出 Word 文档设置打开文档密码的方法。

2. 编辑 Word 文档时，选定全文有哪几种方法？

3. 写出文档编辑过程中复制文本的 4 种不同的方法。

4. 在 Word 2016 文档中，创建表格有哪些方法？

5. 在 Word 2016 中，如何设置并显示分节符？

6. 如何调整 Word 文档中表格的行高？

第 3 单元　实操训练

实训 1　创建 Word 文档

【实训目的】

1. 能启动和退出 Word 2016，熟悉 Word 2016 的窗口。

2. 掌握录入文本的方法和技巧，熟练使用键盘。

3. 掌握 Word 文本编辑的基本操作，包括选定、复制、粘贴、移动、删除文本的方法，以及查找与替换文本的方法。

4. 会保存文件。

【实训内容】

1. 创建文档，录入文本。

　　——树叶的音乐

　　树叶，是大自然赋予人类的天然绿色乐器。吹树叶的音乐形式，在我国有悠久的历史，早在一千多年前，唐代杜佑的《通典》中就有"衔叶而啸，其声清震"的记录。

　　树叶这种最简单的乐器，通过各种技巧，可以吹出节奏明快、情绪欢乐的曲调，也可以吹出清亮悠扬、深情婉转的曲调。它的音色柔美细腻，好似人声的歌唱，变化多样的动听旋律使人心旷神怡，富有独特情趣。

　　吹树叶一般采用橘树、枫树、冬青或杨树的树叶，以不老不嫩为佳。太嫩的叶子软，不易发音；老的叶片硬，音色不柔美。叶片也不应过大或过小，要保持一定的湿度和韧性，太干易折，太湿易烂。

　　它的演奏，是靠运用适当的气流吹动叶片，使之振动发音。叶片是簧片，口腔像个共鸣箱。吹奏时，将叶片夹在唇间，用气吹动叶片的下半部，使之颤动，以气息的控制和口型的变化来掌握音准和音色，能吹出两个八度音程。

　　用树叶伴奏的抒情歌曲，于淳朴自然中透着清新之气，意境优雅，别有风情。

---

2. 对文本进行简单编辑，保存文档，文件名为"树叶的音乐"。

3. 编辑文档"树叶的音乐"，然后保存为新文档"绿色的旋律"，退出 Word。

【操作步骤】

1. 启动 Word 2016。双击桌面上的 Word 图标，或单击任务栏中的 Word 图标，创建一个 Word 空白文档。观察窗口的组成。

2. 选择输入法，设置字号为小四号，在文档中录入文本内容。

3. 保存文档，文件名"树叶的音乐"，退出 Word。

4. 打开文档"树叶的音乐"。

5. 给文档添加标题："绿色的旋律"。

6. 在文档正文第二段之后补充录入一段文字——据记载，大诗人白居易也有诗云：

"苏家小女旧知名，杨柳风前别有情；剥条盘作银环样，卷叶吹为玉笛声。"

7. 练习文本选定、复制、粘贴、移动、删除等操作，鼠标光标定位操作。

8. 查找与替换操作。将文档中的"吹树叶……"段落中的"叶片"替换为"yepian"。

9. 使用"另存为"命令保存文档，文件名为"绿色的旋律"，退出 Word。

实训 2   设置文本格式

【实训目的】

1. 熟练使用鼠标、键盘选定文本。

2. 掌握字符格式设置的方法。

3. 掌握段落格式设置的方法。

4. 会使用项目符号、插入特殊符号。

【实训内容】

对文档"绿色的旋律"进行字体、字号、字形、字符间距等字符格式设置，以及段落对齐方式、行间距等段落格式设置，给部分段落添加项目符号，插入特殊符号，编辑完成后以文件名"律动的生命"保存，效果如图 3-10 所示。

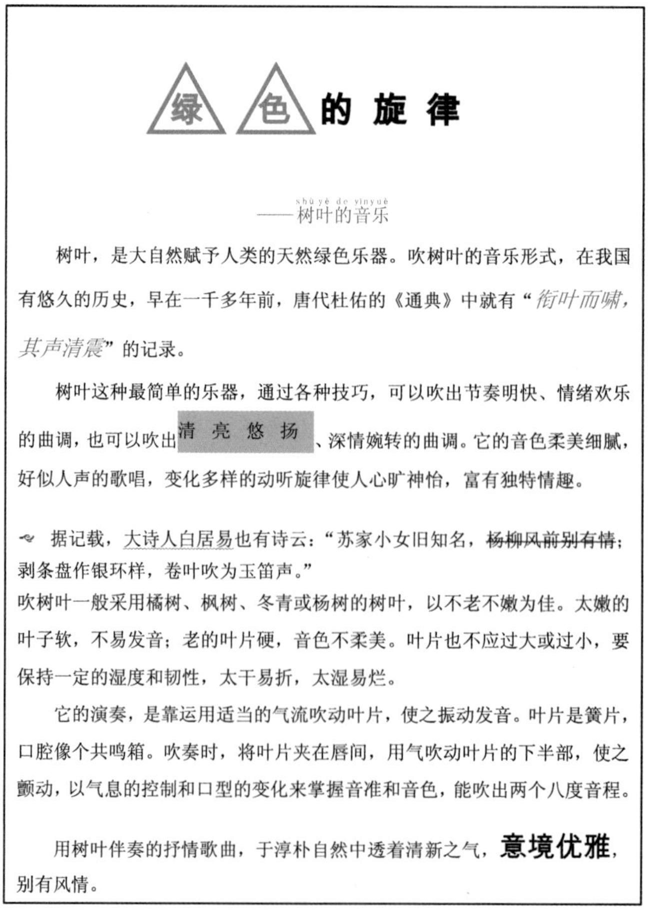

绿 色 的 旋 律

shù yè de yīnyuè
—— 树叶的音乐

树叶，是大自然赋予人类的天然绿色乐器。吹树叶的音乐形式，在我国有悠久的历史，早在一千多年前，唐代杜佑的《通典》中就有"*衔叶而啸，其声清震*"的记录。

树叶这种最简单的乐器，通过各种技巧，可以吹出节奏明快、情绪欢乐的曲调，也可以吹出、深情婉转的曲调。它的音色柔美细腻，好似人声的歌唱，变化多样的动听旋律使人心旷神怡，富有独特情趣。

~ 据记载，大诗人白居易也有诗云："苏家小女旧知名，**杨柳风前别有情；**剥条盘作银环样，卷叶吹为玉笛声。"
吹树叶一般采用橘树、枫树、冬青或杨树的树叶，以不老不嫩为佳。太嫩的叶子软，不易发音；老的叶片硬，音色不柔美。叶片也不应过大或过小，要保持一定的湿度和韧性，太干易折，太湿易烂。

它的演奏，是靠运用适当的气流吹动叶片，使之振动发音。叶片是簧片，口腔像个共鸣箱。吹奏时，将叶片夹在唇间，用气吹动叶片的下半部，使之颤动，以气息的控制和口型的变化来掌握音准和音色，能吹出两个八度音程。

用树叶伴奏的抒情歌曲，于淳朴自然中透着清新之气，**意境优雅**，别有风情。

图 3-10

【操作步骤】

1. 打开文档"绿色的旋律"。

2. 设置标题"绿色的旋律"为楷体、二号、加粗，字符间距加宽 6 磅。将"绿色"设置成三角形带圈字符，绿色。

3. 设置副标题"——树叶的音乐"为微软雅黑，蓝色，并添加拼音。

4. 将正文第一段中的文本"衔叶而啸，其声清震"设置为新宋体、四号、倾斜、红色。

5. 将正文第二段中的文本"清亮悠扬"位置提升 6 磅，间距加宽 5 磅，添加青绿色突出显示。

6. 给"大诗人白居易"添加蓝色波浪下划线，给"杨柳风前别有情"添加删除线。

7. 设置"意境优雅"为华文新魏，小二号。添加轮廓线：绿色，个性色 6，淡色 40%，实线，宽度 0.25 磅，透明度 30%。

8. 将标题和副标题设置为居中。

9. 设置正文第三段的段前间距为 0.5 厘米，行间距为固定值 20 磅，添加如图所示红色项目符号。

10. 设置正文除第三段之外的段落首行缩进 2 字符。

11. 保存文档，文件名为"律动的生命"，退出 Word。

实训 3　设置文档版式

【实训目的】

1. 掌握页面设置的方法。

2. 能给文档添加边框和底纹。

3. 能对文档进行分栏设置。

4. 会设置页面颜色、添加水印。

5. 掌握页眉和页脚的设置方法。

【实训内容】

对 Word 文档"律动的生命"进行页面设置、添加页眉和页脚、设置页面颜色和水印，对文档中的文本设置边框和底纹，给段落分栏，保存文档。

【操作步骤】

1. 打开文档"律动的生命"。

2. 使用"页面设置"功能组的按钮或"页面设置"对话框完成操作要求。文档的上、下边距均为 2 厘米，左、右边距均为 2.5 厘米。

3. 使用"边框和底纹"对话框给第一段正文添加边框线。红色、宽度 1 磅双实线，距正文间距上、下 2 磅，左、右 6 磅。给"天然绿色乐器"添加宽度 1.5 磅蓝色虚线边框。

4. 使用"边框和底纹"对话框给第一段正文添加橙色底纹，图案样式 15%，绿色。

5. 使用"分栏"对话框将"它的演奏……八度音程"一段分成两栏，有分割线。

6. 设置正文第二段首字下沉 2 行，黑体，距正文 0.3 厘米。

7. 给文档添加文字水印"天然乐器"，楷体，斜式，半透明。

8. 添加页眉"生命的乐章"，三号、华文新魏、左对齐，奇偶页不同。如图 3-11 所示。

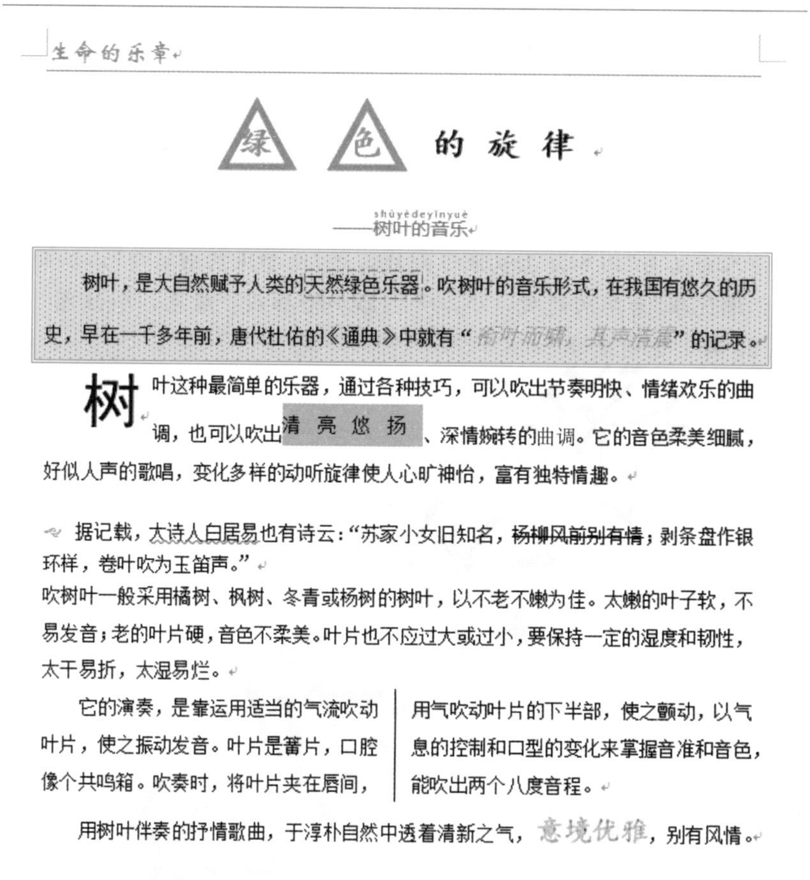

生命的乐章

绿 色 的 旋 律

shùyèdeyīnyuè
——树叶的音乐

树叶，是大自然赋予人类的天然绿色乐器。吹树叶的音乐形式，在我国有悠久的历史，早在一千多年前，唐代杜佑的《通典》中就有"树叶丽绪，其声清恬"的记录。

树叶这种最简单的乐器，通过各种技巧，可以吹出节奏明快、情绪欢乐的曲调，也可以吹出清亮悠扬、深情婉转的曲调。它的音色柔美细腻，好似人声的歌唱，变化多样的动听旋律使人心旷神怡，富有独特情趣。

据记载，大诗人白居易也有诗云："苏家小女旧知名，杨柳风前别有情；剥条盘作银环样，卷叶吹为玉笛声。"

吹树叶一般采用橘树、枫树、冬青或杨树的树叶，以不老不嫩为佳。太嫩的叶子软，不易发音；老的叶片硬，音色不柔美。叶片也不应过大或过小，要保持一定的湿度和韧性，太干易折，太湿易烂。

它的演奏，是靠运用适当的气流吹动叶片，使之振动发音。叶片是簧片，口腔像个共鸣箱。吹奏时，将叶片夹在唇间，用气吹动叶片的下半部，使之颤动，以气息的控制和口型的变化来掌握音准和音色，能吹出两个八度音程。

用树叶伴奏的抒情歌曲，于淳朴自然中透着清新之气，意境优雅，别有风情。

图 3-11

9. 保存文档，文件名为"生命的乐章"，退出 Word。

实训 4　在 Word 文档中使用表格

【实训目的】

1. 掌握创建表格的方法。

2. 掌握编辑表格的方法。

3. 练习在表格中输入文本，设置表格属性。

4. 练习页面布局设置。

【实训内容】

根据规定的纸张大小，合理设计、布局文字及表格，掌握调整表格行高、列宽的方法，合并、拆分单元格的方法，添加、删除行或列的方法。

【操作步骤】

1. 创建 Word 文档，设置页面大小，宽 14.8 厘米，高 21 厘米，页边距上、下、左、右各 1.5 厘米，纸张方向为纵向。

2. 使用“—”添加虚线，设置虚线的字体为“Times New Roman”，小四号，居中。

3. 输入“青岛工程职业学院”，宋体，小四号，字符间距加宽 6 磅，居中。

4. 输入“教学日志”，宋体，小二号，加粗，加双下划线，居中。

5. 输入“班级……星期”，合理分布，居中。

6. 插入表格，参照样张进行单元格合并与拆分，合理分布行高，“午休”行高 0.5 厘米，添加浅蓝色底纹，设置红色外边框线。

7. 参照样张输入表格中的文字，设置为宋体、小四号，注意对齐方式及单元格内文字行数，如图 3-12 所示。

8. 保存文件，文件名为“教学日志”，退出 Word。

青 岛 工 程 职 业 学 院

教　学　日　志

班级：　　　　年　月　日　星期

<table>
<tr><td>节次</td><td>课程名称</td><td>授课地点</td><td>实 到
学生人数</td><td>教师签字</td><td>备
注</td></tr>
<tr><td>1
2</td><td></td><td></td><td></td><td></td><td></td></tr>
<tr><td>3
4</td><td></td><td></td><td></td><td></td><td></td></tr>
<tr><td colspan="6">午　休</td></tr>
<tr><td>5
6</td><td></td><td></td><td></td><td></td><td></td></tr>
<tr><td rowspan="2">主任
审核
意见</td><td rowspan="2"></td><td>教师所在
系（部）</td><td rowspan="2">学习
委员
签字</td><td rowspan="2" colspan="2"></td></tr>
<tr><td></td></tr>
<tr><td colspan="6">课堂情况（教师填写）
1.迟到

2.缺勤

3.纪律

4.状态</td></tr>
</table>

图 3-12

实训 5　Word 文档图文混排

【实训目的】

1. 能在文档中插入艺术字并设置艺术字的格式。

2. 能在文档中插入图片并设置图片的格式。

3. 会对文本进行排版。

4. 能在文档中插入文本框并设置文本框的格式。

5. 能在文档中插入形状并设置形状的格式。

【实训内容】

新建 Word 空白文档，输入文本内容，对文本进行排版，在文档中插入艺术字、文本框、图片、图形等，并对其进行格式设置，保存文档为"春节习俗"。

【操作步骤】

1. 新建 Word 文档，录入文本（宋体，小四号字）。

春节是我国一个古老的节日，也是全年最重要的一个节日，在千百年的历史发展中，形成了一些较为固定的风俗习惯，相传至今。

贴春联。春联也叫门对、春贴、对联、对子、桃符等，它以工整、对偶、简洁、精巧的文字描绘时代背景，抒发美好愿望，是我国特有的文学形式。每逢春节，无论是城市还是农村，家家户户都要精选一幅大红春联贴于门上，为节日增加喜庆气氛。

贴窗花。人们还喜欢在窗户上贴上各种剪纸——窗花。窗花不仅烘托了喜庆的节日气氛，也集装饰性和欣赏性于一体。剪纸在我国是一种很普及的民间艺术，千百年来深受人们的喜爱，因它大多是贴在窗户上的，所以被称为"窗花"。窗花以其特有的概括和夸张手法将吉事祥物、美好愿望表现得淋漓尽致，将节日装点得红火富丽。

挂年画。春节挂年画在城乡也很普遍，浓墨重彩的年画给千家万户增添了许多兴旺欢乐的喜庆气氛。年画是我国的一种古老的民间艺术，反映了人民朴素的风俗和信仰，寄托着他们对未来的希望。

蒸年糕。年糕因为谐音"年高"，再加上有着变化多端的口味，几乎成了家家必备的应景食品。年糕的式样有方块状的黄、白年糕，象征着黄金、白银，寄寓新年发财的意思。年糕的口味因地而异，北方的年糕以甜为主，或蒸或炸；南方的年糕则甜咸兼具，味道清淡。

2. 设置页面为 A4 纸，上、下页边距 2.5 厘米，左、右页边距 3 厘米。

3. 插入艺术字"春节习俗"作为标题。填充——红色，着色 2；轮廓——着色 2；紧密型环绕。

4. 插入图片。"福"、灯笼均浮于文字上方，随文字移动。

5. 正文前五段均首行缩进 0.9 厘米，行距 20 磅；第一段段后间距 0.5 行。

6. 正文第二段至第五段，每段的开头三个字设为微软雅黑，红色。

7. 使用文本框添加一副对联，竖排，华文隶书，2 号，加粗，垂直居中，字符间距加宽 5 磅，四周型，形状填充为红色，无轮廓线。

8. 参照样张插入年画，紧密型环绕。

9. 在第六段位置插入横卷形的形状，并输入文字。字体为微软雅黑 Light，三号；首行缩进 2 字符，单倍行距；形状填充为"花束"，形状轮廓为"橙色，个性色 6"。

10. 插入"空白(三栏)"页脚，在对应位置分别输入"2017 年 12 月 6 日，星期三，作者：青春"。

11. 保存文档为"春节习俗"(图 3-13)，退出 Word。

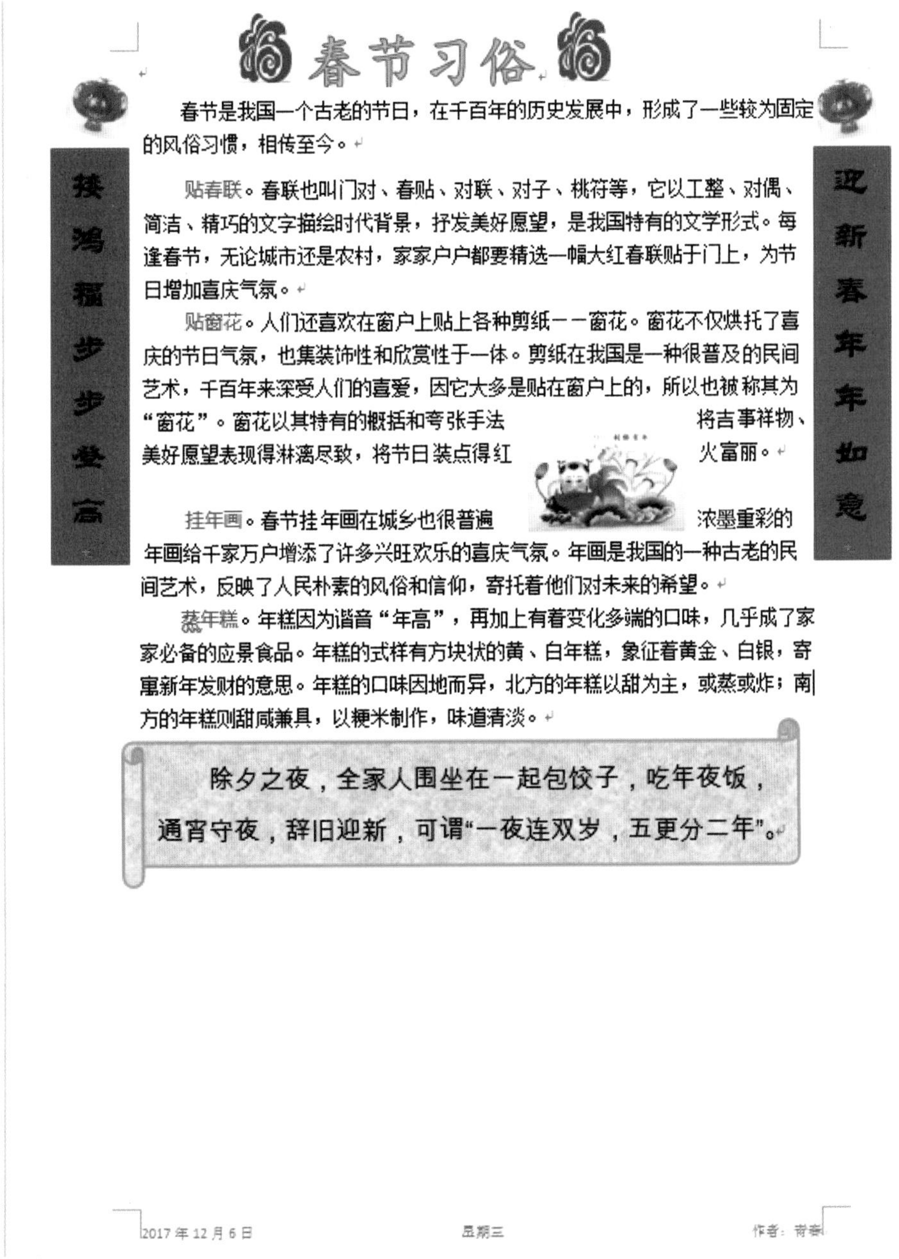

图 3-13

参考答案

一、单选题

1. B　2. D　3. C　4. D　5. B　6. A　7. B　8. C　9. A　10. D　11. A　12. D　13. C
14. B　15. B　16. D　17. C　18. A　19. B　20. A　21. B　22. A　23. B　24. C　25. B
26. B　27. A　28. B　29. B　30. A　31. D　32. B　33. C　34. D　35. C　36. A　37. B
38. C　39. D　40. C　41. B　42. D　43. B　44. C　45. D　46. A　47. B　48. C　49. C
50. C　51. A　52. C　53. A　54. A　55. A　56. B　57. C　58. B　59. B　60. D　61. C
62. D　63. C　64. C　65. A　66. D　67. A

二、多选题

1. ABD　2. ABCD　3. BCD　4. ABC　5. ABC　6. ACD　7. AC　8. ABD　9. ACD
10. BCD　11. AB　12. ACD　13. ABC　14. AB　15. ACD　16. ABC　17. BCD　18. BCD
19. BCD　20. ACD　21. ABC　22. ABC　23. AB　24. ABD　25. ABD　26. ABCD
27. BCD　28. ABD　29. ABD　30. ABCD　31. BCD　32. ABD　33. ABD　34. ABD
35. ABCD　36. AC　37. ABD　38. ABC　39. BCD　40. ABD　41. ABC　42. AD
43. ABD　44. ACD　45. AC　46. BD　47. ABD　48. ACD

三、填空题

1. 微软公司　2. 创建文档区　3. docx　4. dotx　5. 选定文本　6. 单倍行距，1.5 倍行距，2 倍行距，最小值，固定值，多倍行距　7. 标尺　8. 一行，一段，全文　9. 保护文档　10. Alt　11. Ctrl　12. 文件　13. 文本框　14. 大小　15. 文本　16. 选定栏　17. 下划线，倾斜　18. 回车　19. 插入点处　20. 左缩进，右缩进，首行缩进，悬挂缩进　21. 字符　22. 打印　23. 水平，垂直　24. 使用"字体"功能区，使用"字体"对话框，使用"浮动工具栏"，使用"格式刷"　25. 字体　26. 插图　27. 页面设置　28. 居中，右对齐，两端对齐，分散对齐　29. 24　30. 重复标题行　31. 浮动工具栏　32. 对话框启动器　33. 允许跨页断行　34. Delete　35. 段落标记，制表符，逗号　36. 数字、文本和日期数据，升序，降序　37. Ctrl＋Z　38. Ctrl＋Y　39. 标尺，页面设置对话框

四、判断题

1. ×　2. √　3. √　4. ×　5. √　6. ×　7. √　8. ×　9. ×　10. √　11. √　12. ×
13. √　14. √　15. √　16. √　17. ×　18. √　19. ×　20. ×　21. √　22. √　23. √
24. √　25. √　26. √　27. √　28. √　29. √　30. √　31. √　32. √　33. √　34. ×
35. ×　36. √　37. √　38. √　39. √　40. √　41. ×　42. √　43. √　44. √　45. √
46. √　47. ×　48. ×　49. √　50. √　51. ×　52. √　53. √　54. ×　55. √　56. ×
57. ×　58. √　59. √　60. √　61. ×　62. √　63. ×　64. ×　65. √　66. ×　67. √
68. √　69. √　70. √

五、简答题

1. 写出 Word 文档设置打开文档密码的方法。

操作提示：

在文档编辑状态可以设置打开文档的密码，有两种操作方法。

方法 1：单击"文件"选项卡，选择"信息→保护文档→用密码进行加密"，在对话框中输入密码，然后确定，保存并关闭文档。

方法 2：单击"文件"选项卡，选择"另存为"，在"另存为"对话框中单击"工具→常规选项"，在对话框中输入密码，然后确定，保存并关闭文档。

2. 编辑 Word 文档时，选定全文有哪几种方法？

操作提示：

①使用 Ctrl＋A 组合键。

②在选定栏处三击鼠标。

③使用"编辑"功能组"选择"功能列表中的"全选"命令。

3. 写出文档编辑过程中复制文本的 4 种不同的方法。

操作提示：

①选定文本，按 Ctrl＋C 组合键进行复制，在目标位置按 Ctrl＋V 组合键进行粘贴。

②选定文本，按住 Ctrl 键拖动文本到目标位置松开鼠标。

③选定文本，选择快捷菜单中的"复制"命令，在目标位置"粘贴"。

④选定文本，使用"剪贴板"功能组中的"复制"命令，在目标位置"粘贴"。

4. 在 Word 2016 文档中，创建表格有哪些方法？

操作提示：

将光标定位在要插入表格的位置，选择"插入"选项卡，单击"表格"下拉列表按钮，列表中有多种方法供选择：①使用"表格网格"创建表格；②使用"插入表格"对话框创建表格；③使用"快速插入表格"选项，选择表格样式，单击即可创建表格；④绘制表格；⑤插入"Excel 电子表格"。

5. 在 Word 2016 中，如何设置并显示分节符？

操作提示：

设置分节符：单击"布局→页面设置→分隔符→分节符"，选择其中的"下一页"或"连续"。

设置显示分节符：单击"文件→选项→Word 选项→显示→始终在屏幕上显示这些格式"，选择"显示所有格式标记"。在页面视图、Web 版式视图、大纲视图和草稿 4 种视图方式都可以看见两条中间带有"分节符(下一页)"或"分节符(连续)"的虚线。

6. 如何调整 Word 文档中表格的行高？

操作提示：

调整表格行高主要有以下几种方法：

方法 1：使用鼠标拖动行分割线调整。

方法 2：利用"布局"选项卡"单元格大小"功能组的"行高"编辑框调整。

方法 3：利用"单元格大小"功能组的"分布行"按钮调整，可以将表格中多个相邻的行设置成相等的行高。

方法 4：利用"表格属性"对话框进行精确调整。

方法 5：利用表格尺寸控点调整。

第4篇

Excel 2016 应用

第1单元 基本知识点

1. Excel 2016 基本操作

1.1 启动 Excel 2016

启动 Excel 2016 可以创建 Excel 空白工作簿，即 Excel 文件。

方法1：依次单击"开始"菜单→"最常用"→"Excel 2016"。

方法2：双击桌面快捷方式图标启动 Excel。

方法3：通过双击或右击打开已有的 Excel 文件启动 Excel。

方法4：通过任务栏快速启动 Excel。

1.2 认识 Excel 2016 窗口

新建的 Excel 文件以"工作簿1"命名，其中默认包含一个工作表。窗口由标题栏，功能区（包括选项卡、功能组和按钮），编辑区及状态栏组成，与 Word 2016 基本相似。编辑区是编辑工作表的主要场所，由名称框、编辑栏、列标、行号、全选按钮、单元格、工作表标签等组成。

提示：工作簿、工作表、单元格是 Excel 的主要操作对象，称为 Excel 的三大元素。

1.3 创建、保存、打开、关闭 Excel 文件

Excel 2016 属于 Office 2016 组件之一，启动后所进行的文件创建、保存、打开、关闭等基础操作与 Word 2016 相同。

1.4　退出 Excel 2016

方法 1：使用窗口右上角"关闭"按钮。

方法 2：使用控制菜单中的"关闭"命令。

方法 3：使用 Alt＋F4 组合键。

2.　编辑 Excel 文件

单击某个工作表标签可以激活该工作表，使其成为活动工作表。

2.1　单元格基本操作

2.1.1　选定单元格

单元格是 Excel 中最基本的存储数据单元。新创建的工作表默认 A1 单元格被粗边框包围，可以输入数据，称为活动单元格。如果想在其他单元格中输入数据或进行编辑操作，需要先将其激活。鼠标左键单击某个单元格可以选定该单元格；单击单元格并拖动鼠标，可以选定多个连续的单元格区域；单击列标可以选定一列；单击行号可以选定一行；单击全选按钮或使用组合键 Ctrl＋A，可以选定整个表格。

提示：选定一片单元格区域时，区域中以正常方式显示的单元格为活动单元格，它的地址显示在名称框中。

2.1.2　合并单元格

选定一片单元格区域，单击"对齐方式"功能组的"合并后居中"按钮，该区域合并成一个单元格且其中的文本对齐方式为居中。如果只合并单元格又不改变单元格中文本对齐方式，可以使用"对齐方式"对话框，选择"文本控制"选项中的"合并单元格"选项。

2.1.3　插入单元格

选定要插入位置附近的单元格，依次单击"开始→单元格→插入→插入单元格…"，在对话框中选择合适的活动单元格移动位置，点击确定。或使用快捷菜单中的"插入…"命令。

2.1.4　删除单元格

选定要删除位置附近的单元格，依次单击"开始→单元格→删除→删除单元格…"，在对话框中选择合适的活动单元格移动位置，点击确定。或使用快捷菜单中的"删除…"命令。

2.1.5　调整行高

设置单元格的高度时，行中所有单元格的高度同时改变。调整行高有 3 种方法。

方法 1：使用鼠标拖动行号之间的表格线调整。

方法 2：使用"开始→单元格→格式→行高…"，在对话框中精确设置行高。

方法 3：使用"开始→单元格→格式→自动调整行高"。

2.1.6　调整列宽

方法与调整列宽相同。

2.2　输(录)入数据

2.2.1　录入数据

在 Excel 2016 中录入数据，可以在单元格中直接输入，也可以通过编辑栏输入，按回车键确认。

在单元格中直接输入：单击选定需要输入数据的单元格，直接输入内容，并按回车键、Tab 键、方向键或鼠标单击其他空白处确认。

在编辑栏中输入：选定需要输入数据的单元格，单击编辑栏，在光标处直接输入内容，按回车键或单击前面"√"确认。

提示：选定一片单元格区域，在活动单元格中输入数据，按住 Ctrl 键，再按回车键，可以在单元格区域内输入相同的数据。当单元格内需要换行输入内容时，按住 Alt 键的同时按下回车键就可以了。

2.2.2　数据类型

Excel 2016 的数据类型有：文本型、数字(值)型、日期型、逻辑型等。

2.3　自动填充数据

自动填充是指将用户选择的起始单元格中的数据复制或按序列规律延伸到所在行或所在列的其他单元格中。有规律的数据可以使用自动填充的方法快速录入工作表中。

方法 1：使用填充柄。在起始位置单元格中输入数据，鼠标按住单元格右下方的填充柄拖拽至所需位置，松开鼠标。

方法 2：使用"填充"命令。选定包含数据的单元格区域和目标单元格区域，单击"编辑"功能组中的"填充"下拉按钮，然后选择数据填充方向。

方法 3：使用"序列"对话框。在起始单元格中输入数据，依次单击"开始→编辑→填充→序列…"命令，在序列对话框中设置序列产生在行或列、序列类型、步长值、终止值等参数，然后确定。

2.4　设置数据有效性

数据有效性是指通过给单元格设定有效性条件，允许用户输入符合要求的数据，阻止用户输入非法数据。

选定要设置数据有效性的单元格区域，单击"数据"选项卡的"数据工具"功能组的"数据验证"下拉按钮，选择"数据验证…"，在"数据验证"对话框中分别设置"验证条件"、输入前提示信息、输入后"出错警告"信息等。

通常情况下，只有先设置好数据有效性，然后直接输入非法数据才会进行数据验证并出现提示信息，即设置数据有效性对已经输入的数据不能起到阻止作用，对于复制粘贴的数据和查找替换的数据也是无法控制的。可以利用"数据验证"下拉列表中的"圈释无效数据"，将不符合要求的数据标识出来。

2.5 修改工作表数据

2.5.1 直接修改数据

修改单元格数据既可以在单元格内进行，也可以在编辑栏中进行。选定单元格，重新录入数据则单元格中原来的内容被替换。双击单元格，把插入点移到该单元格内，可以修改其中的部分内容。选定要修改的单元格，单击编辑栏，完成修改之后单击"√"或按回车键。

2.5.2 清除单元格数据

选定单元格或单元格区域，然后按 Delete 键或 Backspace 键，可以删除单元格中的数据。如果单元格设置了格式或含有批注，可以使用"编辑"功能组的"清除"命令，从列表中选择需要清除的内容，如全部清除、清除内容、清除格式、清除批注等。

2.5.3 移动和复制数据

Excel 与 Word 中的移动和复制一样，可以通过剪切板和鼠标拖动的方式移动和复制单元格数据。

对单元格或单元格区域的数据进行剪切或复制后，使用"剪贴板"功能组中的"粘贴"命令或快捷菜单，打开"选择性粘贴"对话框，选择其中需要的选项，可以进行公式、格式、批注、有效性验证等方面的粘贴操作。

2.5.4 查找和替换数据

用户可以在"查找和替换"对话框中指定要查找的内容和替换后的内容。选择"开始"选项卡，单击"编辑"功能组的"查找和选择"下拉按钮，在列表中选择"查找…"命令，打开"查找和替换"对话框，如图 4-1 所示。在"查找内容"文本框中输入需要查找的内容，然后进行查找。找到后在"替换为"文本框中输入新的数据，进行替换。使用 Ctrl＋F 组合键也可以打开"查找和替换"对话框。

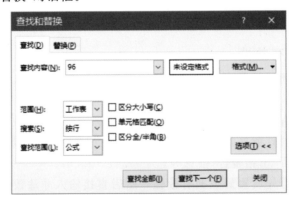

图 4-1

"查找和选择"下拉列表中的其他命令还可以进行查找公式、条件格式、批注、数据验证等内容。

2.5.5 添加批注

右击需要添加批注的单元格，从快捷菜单中选择"插入批注"，输入批注的内容，单击批注框之外的单元格，批注内容被隐藏，单元格右上角显示红色三角。

2.6　格式化工作表

格式化工作表包括对数据进行格式化和对单元格进行格式化。

2.6.1　设置文本格式

选定单元格，利用"开始"选项卡"字体"功能组中的命令或"设置单元格格式"对话框中的"字体"选项卡，如图 4-2 所示，可以完成对文本格式的设置，包括设置文本字体、字号、字形、颜色及其他特殊效果。

图 4-2

2.6.2　设置数字格式

选定单元格，利用"开始"选项卡"数字"功能组中的命令或"设置单元格格式"对话框中的"数字"选项卡，可以完成对数字格式的设置，从"数字"下拉列表中选择要使用的格式类型，单击"确定"按钮。

2.6.3　设置单元格对齐方式

单元格对齐方式是指单元格中的内容相对于单元格上、下、左、右的显示位置。选定单元格，利用"开始"选项卡"对齐方式"功能组中的命令可以进行简单设置，使用"设置单元格格式"对话框中的"对齐"选项卡，可以完成复杂对齐设置。

提示：Excel 默认文本左对齐，数字、日期右对齐，逻辑值居中对齐。

2.6.4　设置单元格边框

使用"字体"功能组"边框"下拉列表可以给单元格设置不同类型的边框。使用"设置单元格格式"对话框中的"边框"选项卡，可以给单元格设置特殊线型的边框。

2.6.5　设置单元格背景

使用"设置单元格格式"对话框中的"填充"选项卡，可以给单元格设置需要的背景色。

3. 操作工作表

3.1　增加与删除工作表

3.1.1　增加工作表

单击窗口底部的"新建工作表"按钮，可以在工作簿中增加空白工作表。右击工作表标签，选择快捷菜单中的"插入"命令，也可以增加空白工作表。

3.1.2　删除工作表

右击工作表标签，选择快捷菜单中的"删除"命令，或"开始"选项卡"单元格"功能组中的"删除"命令，可以删除工作表。工作簿中至少要有一个工作表。

3.2　选择工作表

单击工作表标签可以选定一个工作表，使其成为活动工作表。活动工作表名称下面带有下划线。按住 Ctrl 键单击工作表标签，可以选择多个工作表。

3.3　重命名工作表

双击工作表标签，或右击工作表标签，选择快捷菜单中的"重命名"命令，标签将处于编辑状态，输入新名称，按回车键，即完成工作表重命名操作。

3.4　移动与复制工作表

3.4.1　移动工作表

单击工作表标签，按住鼠标左键拖动到合适位置，松开鼠标，即可移动工作表。

3.4.2　复制工作表

单击工作表标签，按住 Ctrl 键的同时，拖动工作表到合适位置，松开鼠标，即可复制工作表。

3.5　拆分与冻结工作表

3.5.1　拆分工作表

在工作表中选择作为拆分点的单元格、行或列，一般选择 A 列或第一行中某个单元格，选择"视图"选项卡，单击"窗口"组中的"拆分"命令，可以将工作表拆分成左、右或上、下的窗格。用鼠标拖动拆分条可以调整窗格的大小。如果拆分点位于窗口非边界处，则会将窗口分割成 4 个窗格。

3.5.2　冻结工作表

在工作表中选择作为冻结点的单元格、行或列，如果要冻结首行或开始几行，则选择其下面的行，如果要冻结首列或左侧几列，则选择其右边的列，然后选择"视图"选项卡，单击"窗口"组中的"冻结窗格"下拉列表，选择"冻结拆分窗格""冻结首行""冻结首列"等命令。

3.6　隐藏与显示工作表

使用"开始"选项卡中"单元格"功能组的"格式"列表，可以对工作表中的行、列和工作表进行隐藏。隐藏行、列、工作表的操作方法相同，此处以隐藏行为例。

3.6.1　隐藏行

选定需要隐藏的行或行中的单元格，单击"单元格"功能组中"格式"下拉按钮，从列表中选择"隐藏和取消隐藏→隐藏行"。使用 Ctrl＋9 组合键也可以隐藏选定的行。设置行高为 0，同样可以隐藏选定的行。

3.6.2　取消隐藏行

单击需要操作的工作表标签，按 Ctrl＋A 组合键或单击全选按钮选定工作表，从"单元格"功能组"格式"下拉列表中选择"隐藏和取消隐藏→取消隐藏行"。

右击工作表标签，选择快捷菜单中的"隐藏"命令，可以隐藏工作表。工作簿中至少要有一个可见的工作表。

4. Excel 数据计算

4.1　公式

在 Excel 中，公式是指使用运算符和函数对单元格或单元格区域内的数据进行运算的等式，它的输入格式是：以"＝"开头，后面是参与计算的元素和运算符。元素可以包括常量数值、单元格或单元格区域地址等。运算符主要包括算术运算符、比较运算符、文本运算符和引用运算符。

提示：算术运算有嵌套时，一律使用小括号。比较运算的结果返回逻辑值 TRUE 和 FALSE。进行文本运算时，文字要用英文双引号括起来。冒号运算符用来定义一个区域，空格运算符进行交集运算，逗号运算符进行单元格区域并集运算。

输入公式时，选择单元格后，可以直接在单元格内输入公式，也可以单击编辑栏，在编辑栏中输入公式，公式内容输入完成后按回车键确认，结果将显示在单元格中。

公式中引用不同工作表的单元格时，需要在引用的单元格地址前加上工作表标签名和感叹号。

如果要在多个单元格中使用相同的公式，可以通过使用剪贴板复制公式，方法与 Word 中复制文本相同；也可以使用填充柄复制公式，方法与 Word 表格中使用填充柄相同。

复制公式时，要想保持公式中单元格地址保持不变，即绝对引用，需要在引用单元格的列标、行号前加符号"＄"。

4.2　函数

Excel 中的函数其实是一些预定义的公式，它们使用一些称为参数的特定数值按特定的顺序或结构进行计算。函数一般包括函数名、括号、参数、参数分隔符(即,)4 个部分。

使用函数时,可以在单元格中直接输入函数,也可以使用 Excel 内置于函数库中的函数。选定要插入函数的单元格,单击编辑栏中的"插入函数"按钮,在"插入函数"对话框中选择需要的函数。

5. Excel 数据管理

5.1 数据库规范

数据库是以相同结构存储在存储设备上的数据集合。工作表中的数据如果符合数据库规范,就可以将工作表作为数据库进行处理,如排序、分类汇总、筛选等。规范要求如下:

①工作表中数据区域顶端必须有标题行;

②标题行包含各个列数据的字段名;

③字段下面是数据记录,数据记录之间没有空行;

④同一列中的数据除标题行外必须是同一种类型;

⑤工作表中没有合并的单元格;

⑥同一个工作表中只能建立一个数据库。

5.2 数据排序

数据排序是指将存储在表格中的数据按一定的规则进行重新排列。数据排序包括简单排序、多关键字排序和自定义序列排序 3 种。Excel 对数据排序的顺序有升序和降序两种,可以按列方向排序,也可以按行方向排序,它们的排序方法相同,此处以按列升序排序为例说明操作过程。

对工作表中的数据按列排序,可以使用"数据"选项卡"排序和筛选"功能组的"排序"按钮,也可以使用"排序"对话框,如图 4-3 所示。

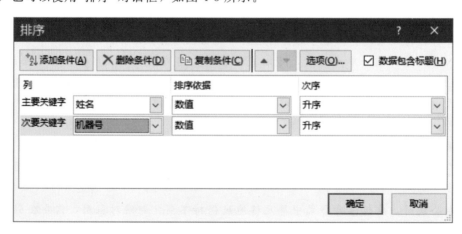

图 4-3

5.2.1 单关键字排序

选择序列中任意单元格,依次单击"数据→排序和筛选→升序"。

5.2.2　多关键字排序

使用关键字排序后，排序结果中存在相同数据，可以再按照其他关键字进行排序。对多个字段进行排序，需要使用"排序"对话框对排序条件进行设置。

5.2.3　自定义序列排序

用户定义一个数据序列作为排序依据进行排序。选择要自定义排序顺序的字段名作为关键字，打开"排序"对话框，在"次序"列表中选择"自定义序列…"，在"自定义序列"对话框中输入自定义的序列，序列之间按回车键进行分隔，单击"添加"按钮，再单击"确定"按钮。自定义的序列显示在"次序"列表中，单击"确定"按钮。

提示：在默认情况下，Excel 对文本按照汉字拼音的字母升序进行排序，日期按照由远到近进行排序，逻辑值 FALSE 排在 TRUE 之前，空白单元格排在最后。

5.3　分类汇总

分类汇总是指根据数据库中某列数据的值（通常是重复值）将所有记录分类，然后对每类数据进行汇总。汇总之前要对数据表按照分类字段先排序，再进行汇总。

5.3.1　分类汇总

分类汇总包括 3 个要素：分类字段、汇总方式、选定汇总项。具体操作步骤是：

①对工作表中的数据以分类字段进行排序；

②选择需要进行分类汇总单元格区域中的任意一个单元格；

③选择"数据"选项卡，单击"分级显示"组中的"分类汇总"按钮；

④在"分类汇总"对话框中选择"分类字段"的字段名，选择"汇总方式"，勾选"选定汇总项"中的汇总字段；

⑤单击"确定"按钮。

提示：在分类汇总之前的排序操作是对分类字段按相同值进行归类，而不是强调排列次序。分类汇总只能对一个字段进行分类，可以对多个字段值进行汇总。

5.3.2　删除分类汇总

当不再需要分类汇总结果时，可以删除分类汇总。具体方法是：再次打开"分类汇总"对话框，点击左下角"全部删除"按钮，单击"确定"按钮。

提示：虽然删除了分类汇总的数据，但之前的排序操作是不可逆的。

5.4　数据筛选

数据筛选是指通过设置条件从工作表中找出符合要求的数据，隐藏不满足条件的数据。筛选一般分为自动筛选、自定义自动筛选和高级筛选 3 种。

5.4.1　自动筛选

单击工作表中任意单元格，选择"数据"选项卡，单击"排序和筛选"组中的"筛选"按钮，此时在所有字段名右侧出现下拉按钮，单击某个字段名右侧的下拉按钮，在下拉列表中设置筛选条件，则表格中将显示出符合筛选条件的记录。

5.4.2 自定义自动筛选

创建筛选功能后，单击某个字段名右侧的下拉按钮，在下拉列表中选择"自定义筛选…"，根据需要在"自定义自动筛选方式"对话框中设置筛选条件，单击"确定"按钮。

提示：如果需要同时满足两个条件，应该在"自定义自动筛选方式"对话框中选择"与"，如果只需满足其中一个条件，应该在该对话框中选择"或"。

5.4.3 高级筛选

使用高级筛选功能可以设置多个条件对数据进行筛选操作。操作步骤如下：

①在工作表的空白单元格区域输入设置的筛选条件。

②选择"数据"选项卡，单击"排序和筛选"组中的"高级"按钮，打开"高级筛选"对话框。

③设置"高级筛选"对话框。如选择存放筛选结果的位置，单击"列表区域"右侧的缩放按钮，选择数据区域，选择筛选条件所在的单元格区域作为"条件区域"的参数，单击"确定"按钮，如图 4-4 所示。

图 4-4

提示：选择数据区域时需要包括标题行。在同一行输入两个筛选条件，筛选时进行"与"操作，在不同行输入两个筛选条件，筛选时进行"或"操作，筛选条件通常放在数据区下方。

6. Excel 数据分析

6.1 图表

图表是工作表数据的图形表示形式，它可以直观的展示工作表中的数据。

6.1.1　创建图表

选定数据区域后，可以通过以下 3 种方法创建图表。

方法 1：使用"插入"选项卡"图表"功能组的"插入图表"按钮。

方法 2：使用"插入图表"对话框。单击"图表"功能组中的"推荐的图表"，或单击"图表"功能组中的对话框启动器打开"插入图表"对话框。

方法 3：使用"快速分析"按钮。该按钮位于选定数据区的右下方。

图表按其放置的位置分为嵌入式图表和独立式图表。嵌入式图表作为工作表的对象插入其中，独立式图表放置在一个新建的 Chart 型工作表中，又叫工作表图表。

使用"插入图表"对话框创建嵌入式图表的操作步骤如下：

①选定数据源区域；

②打开"插入图表"对话框；

③选择图表类型；

④单击"确定"按钮。

图表主要由图表区、绘图区、图表标题、图例、横纵坐标轴、系列等元素构成，可以根据需要添加或删除如数据标签、网格线等元素。

Excel 2016 有柱形、条形、折线、饼状等多种类型的图表。不同类型的图表分析数据的侧重点也不同，柱形图和条形图突出数据的大小，折线图突出数据随时间变化的趋势，饼图重在表现部分所占整体的比重，旭日图适合显示分层数据。用户可以根据需要进行选择。

6.1.2　编辑图表

创建好图表后，用户可以对图表进行编辑，如修改数据源、更改图表类型、移动图表位置、调整图表大小、添加图表元素、设置绘图区格式等。

（1）修改数据源

方法 1：单击图表中要修改的数据系列，修改对应的数据源。

方法 2：使用 Ctrl＋C 组合键复制要添加的数据区域，单击图表，按 Ctrl＋V 组合键粘贴。

方法 3：单击图表，使用图表区旁边的"图表筛选器"。

方法 4：使用"选择数据源"对话框。

提示：工作表数据发生更改时图表随之更新。

（2）更改图表类型

选定图表，选择"设计"选项卡，单击"类型"组中的"更改图表类型"按钮，弹出"更改图表类型"对话框，选择需要的图表类型并确定。

（3）修改图表布局

选定图表，单击图表右侧的"图表元素"按钮，或选择"设计"选项卡，单击"图表布局"组中的"添加图表元素"下拉按钮，从列表中选择需要修改的选项并进行编辑。

6.2　数据透视表与透视图

6.2.1　数据透视表

数据透视表是一种集筛选、排序和分类汇总等功能于一身，快速分类汇总数据形成的表格。不符合数据库规范的结构不规则数据使用数据透视表可以方便地进行数据分析。

创建方法与步骤如下：

①打开 Excel 工作簿文件。

②打开"数据透视表"对话框。选择"插入"选项卡，单击"表格"组中的"数据透视表"按钮，打开创建"数据透视表"对话框。

③设置数据透视表的数据源和放置位置。可以选择当前工作表或使用外部数据源创建透视表，放置数据透视表的位置可以是新工作表或现有工作表，单击"确定"按钮，创建一个空白数据透视表，并打开"数据透视表字段"窗格。

④选择要添加到数据透视表中的字段并设置它的位置，关闭窗格。

数据透视表创建之后，用户可以根据需要修改数据透视表的名称、值字段名称、值字段汇总方式、设置单元格格式、更改数据源等。

选定数据透视表，按 Delete 键，可以将其删除。

提示：数据透视表字段窗格显示字段列表及用于添加字段的 4 个区域，其中"筛选器"区对包含在该区的字段进行筛选，添加到"行"区的字段在数据透视表左侧显示该字段的值，添加到"列"区的字段在数据透视表顶部显示该字段的值，添加到"值"区的字段在数据透视表中将显示"行"字段值在数据表的对应值。

6.2.2　数据透视图

数据透视图是以图表的形式表示数据透视表中的数据，可以依据数据透视表创建，也可以单独创建数据透视图，并自动创建数据透视表。数据透视图与数据透视表之间具有关联性。数据透视图既具有数据透视表的属性，又具有图表的大多数属性，但它的数据源只能是连续的数据区。

创建数据透视图主要有两种方法。

方法 1：单击已经存在的数据透视表，选择"分析"选项卡中"工具"功能组的"数据透视表"，选择需要的图表类型，单击"确定"按钮。

方法 2：在工作表中单击"插入"选项卡，选择"图表"工作组中的"数据透视图"，在对话框中进行设置，单击"确定"按钮。

7. Excel 数据安全

7.1　加密 Excel 文件

Excel 文件设置加密后，只有输入正确密码才能打开该文件。

对 Excel 文件加密的步骤：单击"文件→信息→保护工作簿→用密码进行加密"，输入密码，单击"确定"按钮。

7.2　保护工作簿

保护工作簿包括保护工作簿结构和工作簿窗口。保护工作簿结构：用户无法对工作表进行删除、移动、隐藏、取消隐藏、重命名、插入新工作表等操作，对整个工作簿有效。保护工作簿窗口则工作簿窗口在每次打开时大小和位置都相同，用户无法对工作簿的窗口进行新建、冻结与拆分等操作。设置保护工作簿窗口后，工作簿窗口右上角的控制按钮将会被隐藏。保护工作簿只对工作簿中工作表的个数和名称等进行保护，而非保护工作表里面的内容。

保护工作簿的步骤：单击"审阅→更改→保护工作簿"，或单击"文件→信息→保护工作簿→保护工作簿结构"，在弹出的对话框中选择保护"结构"或"窗口"，输入密码，单击"确定"按钮。

7.3　保护工作表

工作表设置保护后，可以阻止用户对其进行编辑。

保护工作表的步骤：单击"审阅→更改→保护工作表"，或单击"文件→信息→保护工作簿→保护当前工作表"，在弹出的对话框中，输入密码，单击"确定"按钮。

提示：在设置保护工作表前，首先确认要保护的单元格是否处于"锁定"状态。

7.4　保护单元格

单元格设置保护后，可以阻止用户对其进行编辑，工作表的其他区域不受限制。

①选定工作表：右键单击任一单元格，选择"设置单元格格式→保护"，取消锁定，单击"确定"按钮。

②右键单击需要保护的单元格，选择"设置单元格格式→保护"，选中"锁定"，单击"确定"按钮。

③单击"审阅→保护工作表"，设置允许用户操作的相关功能，设置密码，单击"确定"按钮。

7.5　设置单元格编辑权限

单元格设置编辑权限后，只有输入密码，才能对其进行编辑。

①单击"审阅→更改→允许用户编辑区域"。

②在弹出的对话框中单击"新建"，设置区域名称、引用的区域以及密码等，单击"确定"按钮。

③设置保护工作表密码。

7.6　设置隐藏

对 Excel 工作簿中的工作表、行或列及单元格中的公式进行隐藏，它们在工作界面中将不可见。

①隐藏公式：在设置单元格保护的时候，同时选定"隐藏"选项，单元格中的公式即隐藏不可见。

②隐藏工作表：右击工作表标签，从快捷菜单中选择"隐藏"，可以把当前的活动工作表隐藏起来。

③隐藏行或列：以行为例说明隐藏的两种方法。

方法 1：右击要隐藏的行号，在出现的快捷菜单中选择"隐藏"命令。

方法 2：设置行高为 0。

7.7　标记为最终状态

将 Excel 文件标记为最终状态后，将禁用或关闭键入、编辑命令和校对标记，并且电子表格将变为只读。

单击"文件→信息→保护工作簿→标记为最终状态"，即可完成设置。

第 2 单元　巩固练习

一、单选题

1. Excel 2016 工作表的基本单位是（　　）。

A. 单元格区域　　　　B. 单元格　　　　　C. 工作表　　　　D. 工作簿

2. Excel 单元格的地址是由（　　）来表示的。

A. 列标和行号　　　　B. 行号　　　　　　C. 列标　　　　　D. 任意确定

3. 在 Excel 单元格区域表示方法中，区域符号是冒号，通常的格式是"单元格地址：单元格地址"，以 Al 和 C5 为对角所形成矩形区域的表示方法是（　　）。

A. A1：C5　　　　　B. C5：A1　　　　　C. A1＋C5　　　　D. A1，C5

4. 关于 Excel 默认的"常规"格式，正确的说法是（　　）。

A. 数字数据"右对齐"，文本数据"左对齐"

B. 数字数据"左对齐"，文本数据"右对齐"

C. 数字数据"右对齐"，文本数据"右对齐"

D. 数字数据"左对齐"，文本数据"左对齐"

5. Excel 2016 工作表的名称框显示的是（　　）。

A. 活动单元格的地址名字　　　　　　B. 活动单元格的内容

C. 单元格的地址名字　　　　　　　　D. 单元格的内容

6. Excel 2016 属于哪个公司的产品（　　）。

A. IBM　　　　　　B. 苹果　　　　　　C. 微软　　　　　D. 网景

7. Excel 2016 工作表的编辑栏用来编辑（　　）。

A. 单元格的地址　　　　　　　　　　B. 单元格中的公式

C. 活动单元格中的数据或公式　　　　D. 单元格的名字

8. 若要在工作表中选择一整列，方法是（　　）。

A. 单击行标题　　　B. 单击列标题　　　C. 单击全选按钮　　D. 单击单元格

9. 在编辑 Excel 工作表时，若选定一行并删除后，该行（　　）。

A. 仍留在原位置　　B. 被上方行填充　　C. 被下方行填充　　D. 被移动到表末

10. 在 Excel 2016 中，输入日期或数值默认的对齐方式是（　　）。

A. 左对齐　　　　　B. 居中　　　　　　C. 右对齐　　　　　D. 两端对齐

11. 保存 Excel 2016 文件时，保存的是（　　）。

A. 以 . xlsx 为扩展名的工作表　　　　B. 以 . xlsx 为扩展名的工作簿

C. 以　docx 为扩展名的工作表　　　　　D. 以 .docx 为扩展名的工作簿

12. 在 Excel 中，插入一组单元格后，活动单元格的移动方向是（　　）。

A. 向上　　　　　B. 向左　　　　　C. 向右　　　　　D. 由设置而定

13. 若某一个单元格右上角有一个红色的三角形，这表示（　　）

A. 单元格中的数字是文本型　　　　　B. 该单元格附有批注

C. 在单元格中插入了图形　　　　　D. 出错提示

14. 下列操作可以使选定的单元格区域输入相同数据的是（　　）。

A. 在输入数据后按 Ctrl＋空格键　　　　　B. 在输入数据后按回车键

C. 在输入数据后按 Ctrl＋回车键　　　　　D. 在输入数据后按 Shift＋回车键

15. 在 Excel 工作表中建立的数据表，通常把每一列称为一个（　　）。

A. 记录　　　　　B. 元组　　　　　C. 属性　　　　　D. 关键字

16. 在单元格中输入数字时，有时单元格显示为"＃＃＃＃＃＃＃"，这是因为（　　）。

A. 数据输入时出错　　　　　B. 数据位数过长，无法完整显示

C. Excel 出错　　　　　D. 系统"死机"

17. 在单元格输入负数时，两种可使用的表示负数的方法是（　　）。

A. 斜杠（／）或连接符（—）　　　　　B. 斜杠（／）或反斜杠（＼）

C. 反斜杠（＼）或连接符（—）　　　　　D. 在负数前加一个减号或用圆括号

18. 在 Excel 2016 文件中，同时选定多个不相邻的工作表，可以在按住（　　）键的同时依次单击各个工作表的标签。

A. Ctrl　　　　　B. Alt　　　　　C. Shift　　　　　D. Tab

19. 下列关于行高和列宽的说法，正确的是（　　）。

A. 它们的单位都是厘米　　　　　B. 它们的单位都是毫米

C. 使用像素数作为度量值　　　　　D. 以上说法都不正确

20. 在 Excel 中，向一个单元格输入公式或函数时，需要输入前导字符是（　　）。

A. @　　　　　B. ＃　　　　　C. $　　　　　D. ＝

21. 在 Excel 的数据操作中，计算求和的函数是（　　）。

A. Count　　　　　B. Sum　　　　　C. Average　　　　　D. Total

22. 在 Excel 中使用＄A＄1引用工作表 A 列第 1 行的单元格，称为对单元格地址的（　　）。

A. 绝对引用　　　　　B. 相对引用　　　　　C. 混合引用　　　　　D. 交叉引用

23. 假定单元格 D3 中的公式为"＝B＄3＋C＄3"，若把它复制到 E4 中，则 E4 中的公式为（　　）。

A. ＝B＄3＋C＄3　　　　　B. ＝C＄3＋D＄3

C. ＝B＄4＋C＄4　　　　　D. ＝C＆4＋D＆4

24. 在同一工作簿中，在 Sheet2 的 C1 单元格内输入公式时，需要引用 Sheet1 中 A2 单元格的数据，正确的引用为（　　）。

A. Sheet2！A2　　　B. Sheet1（A2）　　　C. Sheet1A2　　　D. Sheet1！A2

25. 下列符号中不属于比较运算符的是（　　）。

A. ＝　　　　　B. ＝＜　　　　　C. ＜＞　　　　　D. ＞

26. 在 Excel 2016 中，在单元格中输入＝12＞24，确认后，此单元格显示的内容为（　　）。

A. TRUE　　　　　B. ＝12＞24　　　　C. FALSE　　　　　D. 12＞24

27. 假如单元格 D6 中的值为 6，则函数＝IF(D6＞8，D6/2，D6＊2)的结果是（　　）。

A. 3　　　　　　　B. 6　　　　　　　C. 8　　　　　　　D. 12

28. 在工作表中，下列公式能显示逻辑型数据结果的是（　　）。

A. Int(4)　　　　　　　　　　　　B. ＝SUM(1，3，5)

C. －5＊7　　　　　　　　　　　　D. ＝5＞7

29. 在 Excel 中，已知 F1 单元格中的公式为＝A3＋B4，当 B 列被删除时，原 F1 单元中的公式被调整为（　　）。

A. ＝A3＋C4　　　B. ＝A3＋B4　　　C. ＝A3＋A4　　　D. ♯REF！

30. 在 Excel 操作中，假设 A1，B1，C1，D1 单元分别为 2，3，7，3，则 SUM(A1：C1)/D1 的值为（　　）。

A. 3　　　　　　　B. 5　　　　　　　C. 4　　　　　　　D. 6

31. 在 Excel 中，删除已设置的格式是通过（　　）。

A. 单击"数据"选项卡→"编辑"组→"删除"命令

B. 按 Delete 键

C. 通过"开始"选项卡→"编辑"组→"清除"→"清除格式"命令

D. 单击"剪切"按钮

32. 在 Excel 单元格中键入数据或公式后，单击"√"按钮，相当于按（　　）键。

A. Delete　　　　　B. Enter　　　　　C. Tab　　　　　D. Insert

33. Excel 2016 编辑栏左侧的"×"表示（　　）。

A. 编辑栏中的编辑有效，且接收　　　B. 编辑栏中的编辑无效，不接收

C. 不允许接收数学公式　　　　　　　D. 无意义

34. 要在单元格中输入数据，可以直接将光标定位在编辑栏中，也可以激活单元格，按（　　）键后输入内容。

A. F1　　　　　　　B. F2　　　　　　　C. F3　　　　　　　D. F4

35. 在 Excel 公式中，下列运算符的优先级由高到低的顺序是（　　）。

A. 冒号、％、乘除、加减、＆、比较运算符

B. 冒号、乘除、加减、％、＆、比较运算符

C. 冒号、乘除、加减、％、比较运算符、＆

D. 冒号、％、乘除、加减、比较运算符、＆

36. 在 Excel 中，前两个相邻的单元格内容分别为 1 和 6，使用填充柄进行填充，则后续序列为（　　）。

A. 7，12，8，13…　　　　　　　　B. 1，7，2，14…

C. 11，16，21，26…　　　　　　　D. 1，6，1，6…

37. 鼠标拖动生成填充序列时，可以生成的序列（　　）。

A. 一定是等差序列　　　　　　　　B. 一定是等比序列

C. 可以是等差序列或等比序列　　　　D. 只能填充相同数

38. 如果在 A1 单元格中输入数字 1，再选中单元格 A1，按住（　　）不放，然后用鼠标拖动填充柄至 A10，则在 A1:A10 区域中产生数字序号 1，2，3…10。

A. Ctrl　　　　　　B. Alt　　　　　　C. Shift　　　　　　D. Insert

39. 在 Excel 中，错误值总是以（　　）开头。

A. $　　　　　　　　B. #　　　　　　　　C. @　　　　　　　　D. &

40. 按住（　　）键用鼠标拖动已选定的单元格区域边框线可以复制单元格区域的数据。

A. Alt　　　　　　B. Ctrl　　　　　　C. Shift　　　　　　D. Tab

41. Excel 2016 可以对（　　）字段进行汇总。

A. 一个　　　　　　B. 两个　　　　　　C. 三个　　　　　　D. 一个或多个

42. Excel 2016 图表的显著特点是工作表中的数据变化时，图表（　　）。

A. 随之更新　　　　B. 不出现变化　　　　C. 自然消失　　　　D. 生成新图表

43. Excel 2016 的图表是动态的，当在图表中修改了数据系列的值时，与图表相关的工作表中的数据（　　）。

A. 自动修改　　　　B. 不变　　　　　　C. 出现错误　　　　D. 用特殊颜色显示

44. 假设当前活动单元格在 B2，然后选择了"冻结拆分窗格"命令，则冻结了（　　）。

A. 第一行和第一列　　　　　　　　　　B. 第一行和第二列

C. 第二行和第一列　　　　　　　　　　D. 第二行和第二列

45. 以下各项，对 Excel 2016 中的筛选功能描述正确的是（　　）。

A. 按要求对工作表数据进行排序

B. 隐藏符合条件的数据

C. 只显示符合设定条件的数据，而隐藏其他数据

D. 按要求对工作表数据进行分类

46. 右键单击一个单元格出现的快捷菜单，下面的哪个命令不属于其中（　　）。

A. 插入　　　　　　B. 删除　　　　　　C. 格式化　　　　　　D. 复制

47. 在打印工作表前就能看到实际打印效果的操作是（　　）。

A. 仔细观察工作表　B. 打印预览　　　　C. 按 F8 键　　　　D. 分页预览

48. 在编辑工作表时，将第 3 行隐藏起来，编辑后打印该工作表时，对第 3 行的处理是（　　）。

A. 打印第 3 行　　　　　　　　　　　　B. 不打印第 3 行

C. 不确定　　　　　　　　　　　　　　D. 以上都不对

49. 工作表被保护后，该工作表中的单元格的内容、格式（　　）。

A. 可以修改　　　　　　　　　　　　　B. 都不可修改、删除

C. 可以被复制、填充　　　　　　　　　D. 可移动

50. 在 Excel 的图表中，能反映出数据变化趋势的图表类型是（　　）。

A. 柱形图　　　　　　B. 折线图　　　　　　C. 饼图　　　　　　D. 气泡图

51. 在 Excel 中，图表和数据表放置在同一个工作表称为（   ）。

A. 自由式图表　　　B. 合并式图表　　　C. 嵌入式图表　　　D. 从属式图表

52. 在 Excel 中，图表和数据表放置在同一个工作簿不同工作表中称为（   ）。

A. 独立式图表　　　B. 合并式图表　　　C. 嵌入式图标　　　D. 从属式图表

53. 在 Excel 中，一个单元格中存储的完整信息包括（   ）。

A. 数据、批注和公式　　　　　　　B. 数据、格式和批注

C. 公式、格式和批注　　　　　　　D. 数据、格式和公式

54. 在 Excel 中，对学生成绩表中不及格的成绩用醒目的方式表示，最方便的方法是使用（   ）命令。

A. 查找　　　　　B. 筛选　　　　　C. 定位　　　　　D. 条件格式

55. 在 Excel 工作表中进行高级筛选时，条件区域中位于同一行的条件是（   ）。

A. 与的关系　　　B. 或的关系　　　C. 非的关系　　　D. 异或的关系

56. 在 Excel 工作表中进行高级筛选时，条件区域中位于不同行的条件是（   ）。

A. 与的关系　　　B. 或的关系　　　C. 非的关系　　　D. 异或的关系

57. 在 Excel 的图表中，水平 x 轴通常用来作为（   ）。

A. 排序轴　　　　B. 分类轴　　　　C. 数值轴　　　　D. 时间轴

二、多选题

1. 有关 Excel 2016 表格中数据排序的说法正确是（   ）。

A. 数字类型数据可以作为排序的依据

B. 排序可以没有规则

C. 笔画和拼音能作为排序的依据

D. 日期类型数据可以作为排序的依据

2. 下列操作中能实现重命名工作表的是（   ）。

A. 双击工作表标签，输入新工作表名

B. 单击"开始→编辑→重命名工作表"命令，输入新工作表名

C. 右击工作表标签，选择快捷菜单中的"重命名"命令，输入新工作表名

D. 单击"开始→单元格→格式→重命名工作表"命令，输入新工作表名

3. 对 Excel 2016 的自动筛选功能，下列叙述中正确的是（   ）。

A. 单击"数据→排序和筛选→筛选"命令，可以进入自动筛选状态

B. 使用自动筛选功能筛选数据时，将删除不满足条件的行

C. 设置了自动筛选条件以后，可以取消筛选条件，显示所有数据行

D. 使用自动筛选功能筛选数据时，将隐藏不满足条件的行

4. 在"选择粘贴"对话框中可以进行哪些操作（   ）。

A. 加　　　　　B. 减　　　　　C. 乘　　　　　D. 平方

5. 在 Excel 中，右击一个工作表的标签能够进行的操作有（   ）。

A. 插入工作表　　　　　　　　　　B. 打印工作表

C. 重命名工作表　　　　　　　　　D. 删除工作表

6. 对 Excel 2016 的分类汇总功能，下列叙述中正确的是(　　)。

A. 在分类汇总之前需要按分类的字段对数据排序

B. 在分类汇总之前不需要按分类的字段对数据排序

C. 分类汇总的方式包括求和、计数、求平均值等多种

D. 不可以同时对多个字段进行汇总

7. 下列操作方法中，(　　)能打开 Excel 2016 文件。

A. 单击"窗口"底部的工作簿名

B. 双击 Excel 工作簿名

C. 在 Excel 窗口中，单击"文件→打开"命令

D. 在 Excel 窗口中，单击快速访问工具栏中的"打开"命令按钮

8. 修改已输入在单元格中的数据，可以(　　)，然后进行修改。

A. 双击单元格　　　　　　　　　　B. 选定单元格，按 F2 键

C. 选定单元格，按 F3 键　　　　　　D. 选定单元格，单击编辑栏

9. 对于 Excel 的查找和替换功能，下列说法正确的有(　　)。

A. Excel 进行查找和替换时可以按行、按列或者在选定区域中进行

B. Excel 可以按单元格格式进行查找和替换

C. 可以使用"?"和"＊"等通配符来替代不能确定的那部分信息

D. 如果按单元格匹配的方式进行查找和替换，只有单元格中的内容与查找内容完全一致时，才会被替换

10. 要选中工作表的全部单元格，以下操作正确的是(　　)。

A. Ctrl＋A　　　　　　　　　　　　B. 单击全选按钮

C. Shift＋A　　　　　　　　　　　　D. "编辑"→"全选"

11. 关于在 Excel 中创建图表，叙述不正确的是(　　)。

A. 嵌入式图表建在当前工作表内，与数据同时显示

B. 如果需要修饰图表，只能使用格式栏上的按钮

C. 创建了图表之后，便不能修改

D. 新建的图表必须与数据存在于同一个工作表中

12. 选定某一行中的若干连续单元格有哪些方法(　　)。

A. 按住并拖动鼠标可以一次选定多个单元格

B. 单击选中该行的开头单元格，按住 Shift 键后，单击此行结尾的单元格

C. 可以单击选中其中的一个单元格，按住 Ctrl 键不放，依次单击相邻的行内其他单元格，释放 Ctrl 键

D. 将鼠标移动到表格行前面的序号按钮上，鼠标指针变化时，单击鼠标

13. 在工作表 Sheet2 的 D3 单元格中输入了日期"2017-10-17"之后，如果把 D3 单元格改为能输入"2017 年 10 月 17 日"，需要进行的操作是(　　)。

A. 单击 D3 单元格，选择"编辑→清除→全部清除"，录入新的内容

B. 单击 D3 单元格，选择"编辑→清除→清除格式"，录入新的内容

C. 单击 D3 单元格，选择"编辑→清除→清除内容"，录入新的内容

D. 单击 D3 单元格，按 Delete 键，录入新的内容

14. Excel 2016 规定可使用的运算符有（　　）。

A. 算术运算符　　　　B. 比较运算符　　　　C. 引用运算符　　　　D. 文本运算符

15. 在 Excel 2016 中，若查找内容为"e? c＊"，则可能查到的单词为（　　）。

A. Excel　　　　　B. Excellent　　　　C. Education　　　　D. etc

16. Excel 2016 会将无法识别的数字符号当作文本来处理，下列会被 Excel 作为文本处理的有（　　）。

A. 2018-01-01　　　B. 11A23　　　　C. 356 _ 176　　　　D. 9:30 AM

17. 复制表格粘贴到新位置时，希望保持列宽不变，应如何操作比较方便（　　）。

A. 粘贴后，对照原表的列宽设置，一一修改新表的列宽

B. 用格式刷

C. 粘贴数据后，从"粘贴选项"智能标记中选择"保留原列宽"

D. 粘贴数据后，立即用"选择性粘贴"中的"列宽"再次粘贴

18. 在 Excel 2016 中选定一个单元格，要删除其中的内容，但要保留该单元格，可以使用哪些操作（　　）。

A. 按 Delete 键　　　　　　　　　B. 使用删除命令

C. 使用 Backspace 键　　　　　　D. 使用清除命令

19. 在 Excel 的"视图"选项卡中，可以设置（　　）。

A. 是否显示网格线　　　　　　　B. 显示比例

C. 冻结窗格　　　　　　　　　　D. 是否显示列标与行号

20. 以下哪些快捷键的用法正确（　　）。

A. Ctrl＋A 可以选择整个工作表

B. Ctrl＋Shift＋拖动某个单元格可以复制单元格，并以插入方式粘贴到目标位置

C. Ctrl＋；可以插入当前日期

D. F4 可以设置绝对或相对引用方式

21. Excel 的自动填充功能，可以自动填充（　　）。

A. 文本　　　　　B. 数字　　　　　C. 日期　　　　　D. 公式

22. 在 Excel 2016 中，只删除单元格的批注，可以使用的方法是（　　）。

A. 单击单元格，"开始→编辑→清除→清除批注"命令

B. 单击单元格，"开始→编辑→清除→全部清除"命令

C. 单击单元格，"开始→单元格→删除→删除单元格…"命令

D. 右击单元格，选择快捷菜单中的"删除批注"命令

23. 以下关于填充数据的用法，哪些正确（　　）。

A. 单元格数据为"项目 1"，向下填充可得到"项目 2、项目 3…"

B. 单元格数据为"项目一"，向下填充可得到"项目二、项目三…"

C. 单元格数据为"一"，向下填充可得到"二、三、四、五、六、日"

D. 单元格数据为"A01B01"，向下填充可得到"Λ02B02、Λ03B03…"

24. 在 Excel 2016 中，"排序选项"对话框中可以设置的内容有（　　）。

A. 区分大小写　　　B. 排序方向　　　C. 排序方法　　　D. 数据包含标题

25. 在 Excel 2016 中，让某单元格里数值保留两位小数，下列哪些操作可实现（　　）。

A. 选择"数据"选项卡下的"数据验证"

B. 选择单元格，单击右键，选择"设置单元格格式"

C. 选择单元格，使用"数字"功能区按钮"增加小数位数"或"减少小数位数"

D. 选择单元格，再选择"单元格"功能区"格式"下拉列表中的"自动调整列宽"

26. 下列说法正确的有（　　）。

A. "排序"对话框可以选择排序方式只有"升序"和"降序"两种

B. 执行"排序和筛选"功能区中的"排序"命令，可以实现对工作表数据的排序

C. 对工作表数据进行排序时，可以按列排序，也可以按行排序

D. "排序"对话框中可以选择数据是否包含标题行

27. 表格的标题为"奖学金评定表"，如果希望标题位于正中，即使表格中的单元格宽度改变时也能自动居中，如何设置？（　　）

A. 设置"合并及居中"

B. 在表格中间的某个单元格输入标题，并设置居中

C. 设置"跨列居中"的对齐方式

D. 设置"分散对齐"的对齐方式

28. 只允许用户在指定区域填写数据，不能破坏其他区域，并且不能删除工作表，应怎样设置？（　　）

A. 设置"允许用户编辑区域"　　　　B. 保护工作表

C. 保护工作簿　　　　　　　　　　D. 隐藏工作表

29. 有关行列格式设置，哪些用法正确？（　　）

A. 要调整多行的行高为最适合，可选中多行，并在其中两行的行号交界处双击

B. 插入列只能位于选中列的左侧，插入行只能位于选中行的上方

C. 插入新行后，可通过智能标记选择新行的格式与上面行或下面行相同

D. 行、列隐藏后，若想全部取消隐藏，只需右键单击全选按钮，选择"取消隐藏"

30. 下列关于 Excel 2016 中添加边框、颜色操作的叙述，正确的是（　　）。

A. 选择格式菜单栏下的单元格选项进入

B. 边框填充色的默认设置为红色

C. 可以在线条样式对话框中选择所需的边框线条

D. 单击单元格中的边框标签

31. 在 Excel 2016 中有关"删除"和"删除工作表"下面说法正确的是（　　）。

A. "删除"是删除工作表中的内容

B. "删除工作表"是删除工作表和其中的内容

C. Delete 键等同于删除命令

D. Delete 键等同于删除工作表命令

32. 在 Excel 2016 中，如何向单元格内输入有规律的数据？（　　　）

A. 单击选中一个单元格，输入数据

B. 将鼠标指针移到单元格光标右下角的方块上，使鼠标指针呈"＋"形

C. 将鼠标指针移至选中单元格的黑色光标上，此时鼠标指针变为箭头形

D. 按住鼠标左键并拖到目的位置，然后松开鼠标即可

33. 在 Excel 2016"排序选项"对话框中，"排序方向"有（　　　）。

A. 按列排序　　　　B. 字母排序　　　　C. 按行排序　　　　D. 笔画排序

三、填空题

1. 在单元格中输入当前日期，可以按下（　　　）键。

2. 单元格地址用其所在的列标和（　　　）表示，位于第三列第二行的单元格的地址是（　　　）。

3. 在 Excel 2016 中，"排序"对话框中的"关键字"排序次序有（　　　）。

4. 首次启动 Excel 2016，创建的工作簿名称是（　　　），默认有（　　　）个工作表，名称为（　　　）。

5. 在 Excel 中选择了从 A6 到 B9 和从 C8 到 E17 两个单元格区域，该区域的表示方法为（　　　）。

6. 在 Excel 2016 中，工作表行列交叉的位置称为（　　　）。

7. 数据筛选的方式包括自动筛选、（　　　）和高级筛选 3 种。

8. Excel 2016 文件的扩展名是（　　　）。

9. Excel 数据排序时，可以按列排序，也可以按（　　　）排序。

10. 输入分数时，应先输入（　　　），然后输入该分数。

11. 在 Excel 函数中各参数之间的分隔符号一般使用（　　　）。

12. Excel 2016 可以存储（　　　）、数字、日期时间和逻辑值等类型的数据。

13. 单元格区域 B2:E5 包括（　　　）个单元格。

14. 修改单元格数据时，既可以在单元格内进行，也可以在（　　　）进行。

15. 在 Excel 中查找数据时，可用通配符（　　　）代替任意字符。

16. 将 Excel 表格的某些行或列标题冻结起来，在窗口滚动时不随着滚动，而保留在屏幕的可见区内，这种操作称为（　　　）。

17. 在 Excel 中输入数据时，输入完毕，可以按（　　　）键、Tab 键、方向键或者单击编辑栏中的对号。

18. 在单元格中输入当前时间，可以按下（　　　）键。

19. 在 Excel 中，某单元格的格式为 000.00，输入 23.785，则显示的结果为（　　　）。

20. 删除 Excel 工作表时，工作簿中至少要有（　　　）个工作表。

21. 在 Excel 中，如果在 A9 单元格中输入"＝6＊2"，则显示结果为（　　　）。

22. 在单元格中输入"(123)"，显示的结果是（　　　）。

23. 在 Excel 中，如果在 A7 单元格中输入"＝6^2"，则显示结果为（　　　）。

24. 在单元格 A1 中输入公式"＝6＜＞4"，则 A1 中显示结果为（　　　）。

25. 使用多关键字排序时，应选择"数据"选项卡→"排序和筛选"组的（　　　）命令按钮。

26. 在 Excel 中，字号的度量值为（　　　）。

27. Excel 工作表的一个单元格含有格式、内容、批注等多种特性，通过（　　　）可以实现数据部分特性的复制。

28. 放置数据透视表的位置可以选择当前工作表，也可以选择（　　　）。

29. 创建数据透视表时，可以使用当前工作表中的数据，也可以使用（　　　）。

30. 当单元格被锁定时，该单元格中的数据只能（　　　）不能（　　　）。

31. Excel 中将数据排序、筛选和分类汇总 3 项功能结合在一起的操作功能是（　　　）。

32. 保护工作簿是对工作簿的（　　　）和（　　　）进行保护，而非保护工作表里面的内容。

四、判断题

1. 在"视图"选项卡中可以设置显示或隐藏编辑栏与网格线。（　　　）

2. 在 Excel 2016 窗口中可以不显示编辑栏。（　　　）

3. 在一个工作表中可以有多个活动单元格。（　　　）

4. 在 Excel 2016 中，只能在单元格内编辑输入的数据。（　　　）

5. 在 Excel 2016 工作表中，单元格的地址是唯一的，由所在的行和列决定。（　　　）

6. 在 Excel 2016 中，同一工作簿中不能引用其他工作表。（　　　）

7. 在 Excel 2016 中，分割成两个窗口就是把文本分成两块后分别在两个窗口中显示。（　　　）

8. 在 Excel 2016 中，日期为数值的一种表示形式。（　　　）

9. 在 Excel 2016 中，除能够复制选定单元格中的全部内容外，还能够有选择地复制单元格中的公式、数字或格式。（　　　）

10. 在 Excel 2016 中，打开"插入"菜单的快捷键是 Alt＋I。（　　　）

11. 对 Excel 2016 数据清单中的数据进行排序，必须先选择排序数据区。（　　　）

12. 在 Excel 2016 中，如果要查找数据清单中的内容，可以通过筛选功能，它可以实现只显示包含指定内容的数据行。（　　　）

13. 在 Excel 2016 中，在单元格格式对话框中可以设置字体。（　　　）

14. 在 Excel 2016 中，原始数据清单中的数据变更后，数据透视表的内容也随之更新。（　　　）

15. 若 Excel 2016 工作簿设置为只读，对工作簿的更改一定不能保存在同一个工作簿文件中。（　　　）

16. 在一个 Excel 2016 单元格中输入"＝AVERAGE(A1:B2　B1:C2)"，则该单元格显示的结果是(B1＋B2)/2 的值。（　　　）

17. 在一个 Excel 2016 单元格中输入"＝SUM(B1:B3)"，则该单元格显示的结果是 B1＋B2＋B3 的值。（　　　）

18. 在 Excel 2016 单元格引用中，单元格地址不会随位移的方向与大小而改变的称为相对引用。（   ）

19. 在 Excel 2016 中，将公式输入单元格中后，单元格中会显示出计算的结果。（   ）

20. 在 Excel 2016 中，如果一个数据清单需要打印多页，且每页有相同的标题，则可以在"页面设置"对话框中对其进行设置。（   ）

21. 在 Excel 2016 中，数据透视表可用于对数据清单或数据表部分区域进行数据的汇总与分析。（   ）

22. 在 Excel 2016 中的外部数据库是数据透视表中数据的来源之一，其外部数据库是指在其他程序中建立的数据库，如 DBASE、SQL 等。（   ）

23. 在 Excel 2016 中，若选择"清除"则保留单元格本身，而"删除"则连同数据与单元格一起删除。（   ）

24. 在 Excel 2016 中，所选的单元格范围不能超出当前屏幕范围。（   ）

25. 在 Excel 2016 中进行单元格复制时，无论单元格是什么内容，复制出来的内容与原单元格总是完全一致的。（   ）

26. 在 Excel 2016 中，必须先选定要操作的内容，然后才能对选定的对象进行操作。（   ）

27. 选择性粘贴可以只粘贴公式。（   ）

28. 在 Excel 2016 中对公式进行复制可以简化数学计算操作。（   ）

29. Excel 2016 工作表自动带有表格线，打印时用户不需要设置表格线。（   ）

30. Excel 2016 工作表可以根据需要改变单元格的高度和宽度。（   ）

31. 在 Excel 2016 中，复制操作只能在同一个工作表中进行。（   ）

32. Excel 2016 默认只对选定的区域排序，未选定的区域不参加排序。（   ）

33. 制作图表的数据源可以是不连续的单元格区域。（   ）

34. 在 Excel 2016 中，用户可以根据自定义序列对数据清单进行排序。（   ）

35. 在打印 Excel 2016 工作表中的内容时，用户可以只打印选定的区域。（   ）

36. 在使用单元格的绝对引用时，须在单元格的列标与行号前加"＄"符号。（   ）

37. 在 Excel 2016 中，图表可以分为嵌入式图表和独立式图表两种类型。（   ）

38. 在 Excel 2016 编辑状态下，按 Home 键可以使 A1 单元格成为活动单元格。（   ）

39. 活动单元格中显示的内容总是与编辑栏中显示的内容相同。（   ）

40. 饼图用来显示数据系列中每一项与该系列数值总和的比例关系。（   ）

41. Excel 2016 单元格中的数据可以水平居中，但不能垂直居中。（   ）

42. Excel 2016 只能对同一列的数据进行求和。（   ）

43. 对单元格进行合并不会丢失单元格中的数据。（   ）

44. 在不同的工作表中引用单元格时，感叹号不能省略。（   ）

45. 双击 Excel 窗口左上角的控制菜单可以快速退出 Excel。（   ）

46. 自动筛选功能就是将不满足条件的数据删除，只保留需要的数据。（   ）

47. 在 Excel 中，要删除某列，单击要删除的列标，按 Delete 键可删除。（　　）

48. 双击行号的下边格线，可以设置行高为刚好容纳该行最高的字符。（　　）

49. 选择要合并的单元格后，单击鼠标右键，选择"合并单元格"即可完成单元格的合并。（　　）

50. 在 Excel 中，只有先对工作表的数据进行排序后才能进行筛选操作。（　　）

51. Excel 提供的数据有效性可以限制数据的大小和长度，还可以防止输入非法数据。（　　）

52. 隐藏工作表时，可以右击工作表标签，在快捷菜单中选择"隐藏"命令。（　　）

53. 在活动工作表中，按 Shift＋F11 组合键会自动插入一张新工作表。（　　）

54. 使用"快速分析"按钮可以在工作簿中插入一张工作表并在其中创建空白数据透视表。（　　）

55. 单击某个工作表标签可以激活该工作表，使其成为活动工作表（　　）。

56. 在 Excel 2016 中，"清除"操作是将单元格的内容删除，包括其所在的地址。（　　）

五、简答题

1. Excel 2016 有哪些数据类型？它们在单元格中默认对齐方式分别是什么？

2. 在 Excel 表格中，如何录入身份证号码？

3. 在 Excel 中，如何输入公式？

4. 如何在 Excel 表格中快速输入一批相同的数据？

5. 介绍填充柄的主要用途。

6. 举例说明 Excel 中 4 个常用的函数。

7. 在 Excel 中，数据排序的原则是什么？

8. 举例说明 Excel 2016 有哪些常用的图表类型。

9. 在 Excel 中，自动填充"数据序列"应进行怎样的操作？

第 3 单元　实操训练

实训 1　在 D 盘创建"学生信息表"

【实训目的】

1. 会创建 Excel 文件，熟悉窗口结构。

2. 能在工作表中正确录入各种类型的数据，掌握录入数据的技巧。

3. 掌握简单编辑工作表和保存文件的方法。

【实训内容】

创建如图 4-5 所示的学生信息表。

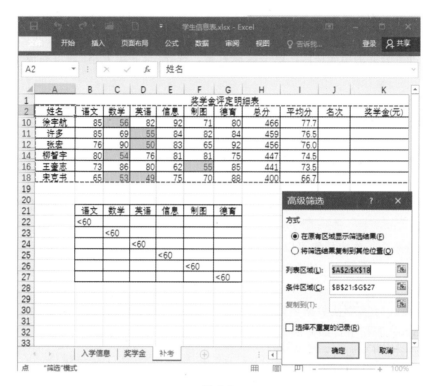

图 4-5

1. 合并单元格使标题居中。

2. 观察表中数据特点，找出规律，学会数据填充、重复数据录入技巧。

3. 观察不同类型数据默认对齐方式，默认字体字号。

4. 给单元格设置边框线，调整单元格列宽。

5. 重命名 Sheet1 工作表。

6. 保存工作簿。

【操作步骤】

1. 启动 Excel 2016，创建空白工作簿。

2. 录入工作表数据。表中"学号"为文本型，使用填充功能快速输入，"性别""生源地""团员"包含重复数据，选定相应单元格，输入数据，按 Ctrl＋回车组合键，可以快速录入，也可以使用复制、粘贴的方法完成快速录入。

3. 选定 A1:G1 区域，单击"对齐方式"功能组的"合并后居中"按钮。

4. 选定 A1:G18 区域，单击"字体"功能组的"所有线框"按钮。

5. 双击 Sheet1，输入"入学信息"，在工作表中单击任一单元格。

6. 单击"文件→保存"，在"另存为"对话框中指定保存的位置"D 盘"，输入文件名"学生信息表"，单击"保存"按钮。退出 Excel。

实训 2　学生“奖学金”表的数据处理

【实训目的】

1. 掌握插入工作表、复制数据、复制工作表的方法。
2. 掌握设置数据有效性的方法。
3. 掌握在工作表中使用公式、自动求和、常用函数进行数据计算的方法。
4. 掌握在工作表中使用排序、筛选对数据进行处理的方法。
5. 会设置条件格式。

【实训内容】

1. 打开“学生信息表”工作簿，并插入工作表，重命名为“奖学金”。
2. 录入工作表中的数据，如图 4-6 所示。

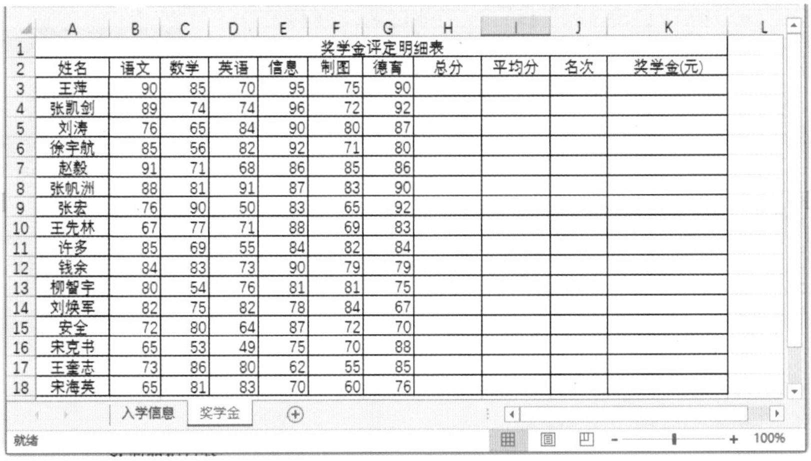

	A	B	C	D	E	F	G	H	I	J	K
1	奖学金评定明细表										
2	姓名	语文	数学	英语	信息	制图	德育	总分	平均分	名次	奖学金(元)
3	王萍	90	85	70	95	75	90				
4	张凯剑	89	74	74	96	72	92				
5	刘涛	76	65	84	90	80	87				
6	徐宇航	85	56	82	92	71	80				
7	赵毅	91	71	68	86	85	86				
8	张帆洲	88	81	91	87	83	90				
9	张宏	76	90	50	83	65	92				
10	王先林	67	77	71	88	69	83				
11	许多	85	69	55	84	82	84				
12	钱余	84	83	73	90	79	79				
13	柳智宇	80	54	76	81	81	75				
14	刘焕军	82	75	82	78	84	67				
15	安全	72	80	64	87	72	70				
16	宋克书	65	53	49	75	70	88				
17	王奎志	73	86	80	62	55	85				
18	宋海英	65	81	83	70	60	76				

图 4-6

3. 计算每个学生的总分和平均分，平均分保留一位小数。
4. 按总分降序排序，求出名次，前三名分别获得奖学金 800 元、500 元和 300 元。
5. 筛选出需要补考的学生，并突出显示，放置在一个新工作表“补考”中。

【操作步骤】

1. 打开“学生信息表”，插入一张工作表，重命名为“奖学金”。

2. 录入工作表中除成绩以外的字符数据。A3:A18 区域的姓名可以从“入学信息”工作表中复制。

3. 设置 A1:K1 区域合并居中，A2:K2 区域居中，A3:A18 区域居中，A1:K18 区域设置边框线。

4. 设置 B3:G18 区域的数据有效性，验证条件为“介于 0 到 100 之间的整数”。

5. 录入 B3:G18 区域的数值。

6. 使用自动求和按钮，计算出 H3 的总分，利用自动填充功能求出 H4:H18 区域的总分；使用公式“=(B3+C3+D3+E3+F3+G3)/6”计算出王萍的平均分 I3 的值，调整到一位小数，利用自动填充功能求出其他学生的平均分。

7. 对 A2:I18 区域以“总分”为关键字进行降序排序。

8. 在 J3:J18 区域填入名次 1 到 16。在 K3 单元格中输入 800，在 K4 单元格中输入 500，在 K5 单元格中输入 300。

9. 选定 B3:G18 区域，依次单击“开始→样式→条件格式→突出显示单元格规则→小于…”，在对话框中输入 60，点击“确定”按钮。

10. 复制“奖学金”工作表，重命名为“补考”。

11. 单击“补考”工作表，在工作表数据区下方空白位置设置筛选条件，如图 4-7 所示，单击“排序和筛选”功能组的“高级”，在高级筛选对话框中进行设置，列表区域选择 A2:K18，条件区域选择 B21:G27，在原有区域显示筛选结果，如图 4-8 所示。

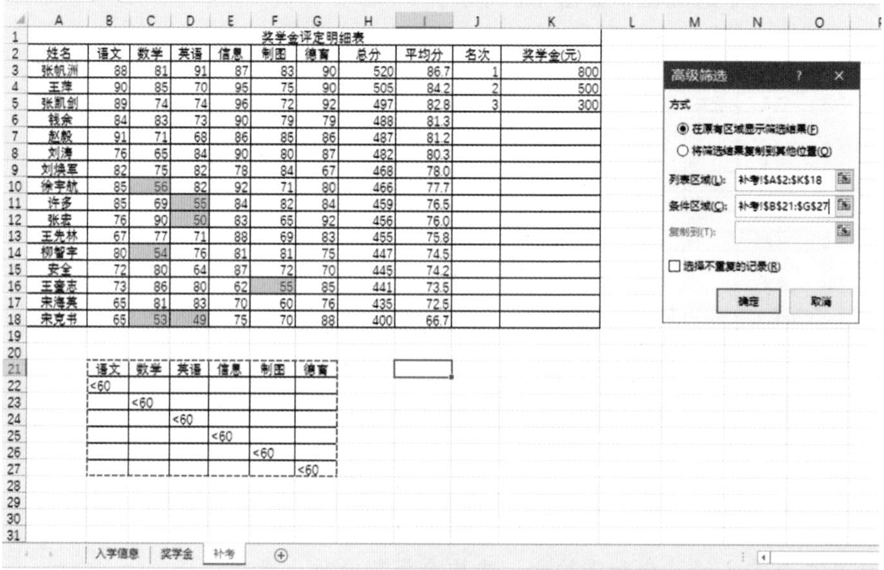

	A	B	C	D	E	F	G	H	I	J	K
1	奖学金评定明细表										
2	姓名	语文	数学	英语	信息	制图	德育	总分	平均分	名次	奖学金(元)
3	张帆洲	88	81	91	87	83	90	520	86.7	1	800
4	王萍	90	85	70	95	75	90	505	84.2	2	500
5	张凯剑	89	74	74	96	72	92	497	82.8	3	300
6	钱余	84	83	73	90	79	79	488	81.3		
7	赵毅	91	71	68	86	85	86	487	81.2		
8	刘涛	76	65	84	90	80	87	482	80.3		
9	刘焕军	82	75	82	78	84	67	468	78.0		
10	徐宇航	85	56	82	92	71	80	466	77.7		
11	许多	85	69	55	84	82	84	459	76.5		
12	张宏	76	90	50	83	65	92	456	76.0		
13	王先林	67	77	71	88	69	83	455	75.8		
14	柳智宇	80	54	76	81	81	75	447	74.5		
15	安全	72	80	64	87	72	70	445	74.2		
16	王奎志	73	86	80	62	55	85	441	73.5		
17	宋海英	65	81	83	70	60	76	435	72.5		
18	宋克书	65	53	49	75	70	88	400	66.7		
21		语文	数学	英语	信息	制图	德育				
22		<60									
23			<60								
24				<60							
25					<60						
26						<60					
27							<60				

图 4-7

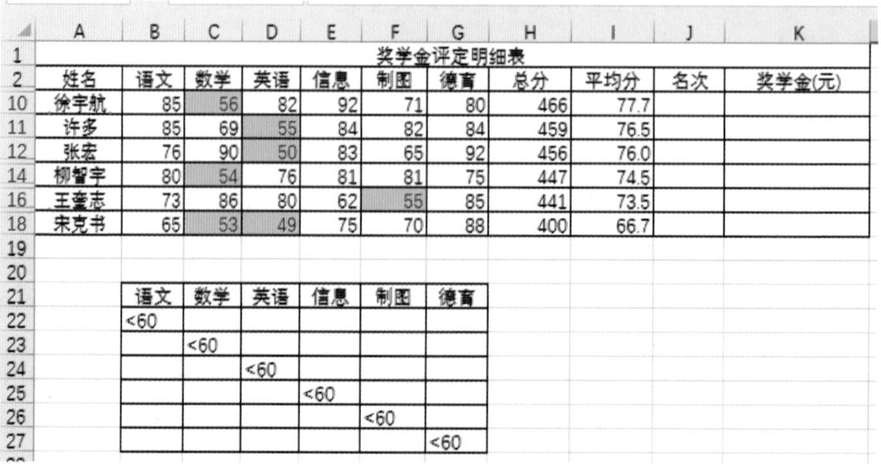

	A	B	C	D	E	F	G	H	I	J	K
1	奖学金评定明细表										
2	姓名	语文	数学	英语	信息	制图	德育	总分	平均分	名次	奖学金(元)
10	徐宇航	85	56	82	92	71	80	466	77.7		
11	许多	85	69	55	84	82	84	459	76.5		
12	张宏	76	90	50	83	65	92	456	76.0		
14	柳智宇	80	54	76	81	81	75	447	74.5		
16	王奎志	73	86	80	62	55	85	441	73.5		
18	宋克书	65	53	49	75	70	88	400	66.7		
21		语文	数学	英语	信息	制图	德育				
22		<60									
23			<60								
24				<60							
25					<60						
26						<60					
27							<60				

图 4-8

实训 3　对"职工信息表"进行自定义序列排序和分类汇总

【实训目的】

1. 熟悉数据排序的类型与方法。

2. 掌握自定义序列的方法。

3. 掌握分类汇总的方法

【实训内容】

1. "职工信息表"的数据如图 4-9 所示，分别按"性别""所属部门"和"性别＋所属部门"进行排序，观察排序效果。

	A	B	C	D	E	F	G
1	序号	姓名	性别	学历	技术职务	所属部门	工资
2	01	陈岚	女	专科	工程师	生产部	7800
3	02	陈雪茹	女	本科	工程师	销售部	8900
4	03	丁杰	男	研究生	高级工程师	销售部	9700
5	04	丁喜莲	男	本科	经济师	财务部	8000
6	05	高峰	男	专科	助工	办公室	7000
7	06	高兴	男	研究生	高级工程师	生产部	9000
8	07	公霞	女	本科	高级工程师	生产部	9300
9	08	郭德杰	男	专科	工程师	销售部	8900
10	09	江海	男	本科	高级经济师	财务部	9800
11	10	李静	女	本科	经济师	财务部	8600
12	11	李平	女	研究生	高级经济师	财务部	9900
13	12	李冬梅	女	专科	助工	办公室	7000
14	13	李宁宁	男	本科	工程师	销售部	8700
15	14	刘惠民	男	研究生	高级工程师	生产部	9500
16	15	刘倩研	女	研究生	高级工程师	生产部	9500
17	16	刘小丽	女	本科	工程师	生产部	7800

图 4-9

2. 以"所属部门"为关键字，按办公室、生产部、销售部、财务部的顺序对数据进行排序。

3. 计算不同技术职务的职工平均工资。

【操作步骤】

1. 打开"职工信息表"，单击数据区域任一单元格，选择"数据"选项卡，单击"排序和筛选"功能组中的"排序"，主要关键字选择"性别"，次序选择"降序"，如图 4-10 所示，单击"确定"按钮。按"所属部门"排序，操作方法相同。

图 4-10

2. 打开"排序"对话框，主要关键字选择"性别"，次序选择"降序"，次要关键字选择"所属部门"，次序选择"升序"，如图 4-11 所示。

图 4-11

3. 打开"排序"对话框，主要关键字选择"所属部门"，次序选择"自定义序列"，在打开的对话框中输入指定的顺序，单击"添加"按钮，然后单击"确定"按钮，如图 4-12 和图 4-13 所示。单击"排序"对话框中的"确定"。效果如图 4-14 所示。

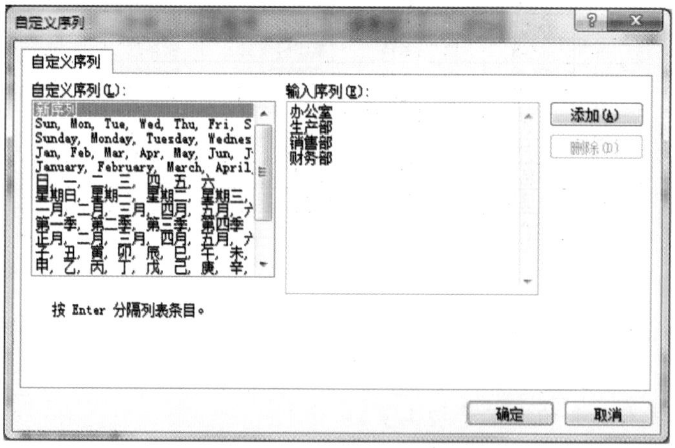

图 4-12

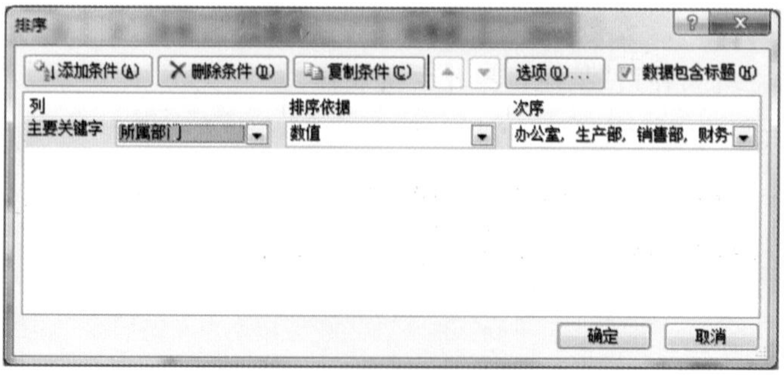

图 4-13

序号	姓名	性别	学历	技术职务	所属部门	工资
05	高峰	男	专科	助工	办公室	7000
12	李冬梅	女	专科	助工	办公室	7000
06	高兴	男	研究生	高级工程师	生产部	9000
14	刘惠民	男	研究生	高级工程师	生产部	9500
01	陈岚	女	专科	工程师	生产部	7800
07	公霞	女	本科	高级工程师	生产部	9300
15	刘倩研	女	研究生	高级工程师	生产部	9500
16	刘小丽	女	本科	工程师	生产部	7800
03	丁杰	男	研究生	高级工程师	销售部	9700
08	郭德杰	男	专科	工程师	销售部	8900
13	李宁宁	男	本科	工程师	销售部	8700
02	陈雪茹	女	本科	工程师	销售部	8900
04	丁喜莲	男	本科	经济师	财务部	8000
09	江海	男	本科	高级经济师	财务部	9800
10	李静	女	本科	经济师	财务部	8600
11	李平	女	研究生	高级经济师	财务部	9900

图 4-14

4. 打开"排序"对话框，主要关键字选择"技术职务"，按"升序"排序。

5. 单击"分级显示"功能组中的"分类汇总"，在对话框中选择分类字段为"技术职务"，汇总方式为"平均值"，选定汇总项为"工资"，单击"确定"按钮，如图 4-15 和图 4-16 所示。

图 4-15

序号	姓名	性别	学历	技术职务	所属部门	工资
01	陈岚	女	专科	工程师	生产部	7800
16	刘小丽	女	本科	工程师	生产部	7800
08	郭德杰	男	专科	工程师	销售部	8900
13	李宁宁	男	本科	工程师	销售部	8700
02	陈雪茹	女	本科	工程师	销售部	8900
				工程师 平均值		8420
05	高峰	男	专科	助工	办公室	7000
12	李冬梅	女	专科	助工	办公室	7000
				助工 平均值		7000
04	丁喜莲	男	本科	经济师	财务部	8000
10	李静	女	本科	经济师	财务部	8600
				经济师 平均值		8300
06	高兴	男	研究生	高级工程师	生产部	9000
14	刘惠民	男	研究生	高级工程师	生产部	9500
07	公霞	女	本科	高级工程师	生产部	9300
15	刘倩研	女	研究生	高级工程师	生产部	9500
03	丁杰	男	研究生	高级工程师	销售部	9700
				高级工程师 平均值		9400
09	江海	男	本科	高级经济师	财务部	9800
11	李平	女	研究生	高级经济师	财务部	9900
				高级经济师 平均值		9850
				总计平均值		8712.5

图 4-16

实训 4　计算"电费收缴表"中电费金额并保护单元格

【实训目的】

1. 掌握公式和函数的使用方法。

2. 掌握格式中单元格地址的不同引用方式。

3. 掌握保护单元格的方法。

【实训内容】

1. 根据电费计算方法编写计算"电费金额"的公式。说明：电费采用阶梯电价，用电量 500 以内（含 500）采用低电价，超过 500 采用高电价。

2. 设置受保护的单元格区域。

【操作步骤】

1. 打开"电费收缴表",选定 E3 单元格,输入公式"＝D3 * (IF(D3>500,＄F＄4,＄F＄3))",按回车键。

2. 按住 E3 单元格的填充柄,向下填充到 E12 单元格。

3. 选择"审阅"选项卡,单击"更改"功能组中的"允许用户编辑区",如图 4-17 所示。

图 4-17

4. 单击"新建",选择 C3:E12 为引用单元格区域,单击"确定"按钮,如图 4-18 所示。

图 4-18

5. 在"允许用户编辑区域"对话框中单击"保护工作表",输入密码,单击"确定"按钮。

6. 修改工作表数据,观察结果,如图 4-19 所示。

图 4-19

实训 5　对商品销售表进行数据分析

【实训目的】

1. 掌握对数据分类汇总的方法。

2. 掌握建立图表的方法，并对图表进行编辑。

【实训内容】

1. 建立 Excel 文件，参照图 4-20 录入数据。

	A	B	C	D	E	F	G	H	I	J	K
1	商品销售量统计表										
2	商品名称	种类	1月	2月	3月	4月	5月	6月	7月	8月	9月
3	迎春酸奶（箱）	酸奶	65	68	72	60	86	95	126	180	195
4	牧牛酸奶（箱）	酸奶	70	61	89	75	80	93	108	152	237
5	春明鲜奶（箱）	牛奶	86	92	150	174	120	83	90	87	156
6	绿野鲜奶（箱）	牛奶	231	208	192	203	157	132	119	143	196
7	青爽啤酒（箱）	啤酒	87	92	90	150	188	302	356	397	360
8	崂云啤酒（箱）	啤酒	133	152	201	188	290	402	502	467	332
9	谷香白酒（箱）	白酒	254	209	320	287	268	315	330	262	291
10	景宇白酒（箱）	白酒	102	136	115	92	183	156	95	280	357

图 4-20

2. 按照要求对数据进行排序。

3. 制作不同品种和类别的月销售量图表。

【操作步骤】

1. 启动 Excel 2016，录入工作表中的数据，以"商品销售表"为文件名保存。

2. 制作柱形图表分析两种啤酒销售情况。把光标定位在数据区，选择"插入"选项卡，打开"插入图表"对话框，选择"簇状柱形图"。单击图表右侧的"图表筛选器"，单击右侧下方的"选择数据…"，打开"选择数据源"对话框，设置图表数据区域为"A7：A8，K7：K8"，如图 4-21 所示，单击"确定"按钮，如图 4-22 所示。

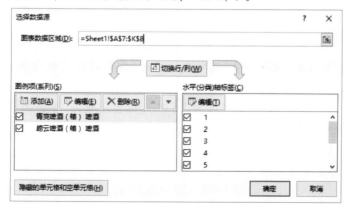

图 4-21

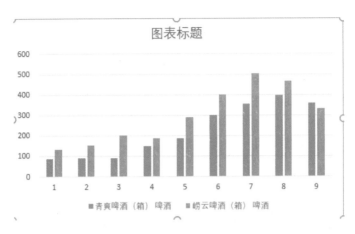

图 4-22

3. 将光标置于 A3 单元格，选择"数据"选项卡，单击"排序和筛选"功能组的"排序"，按照商品种类降序排序。

4. 单击"分级显示"功能组中的"分类汇总"，在对话框中选择"种类"作为分类字段，汇总方式为"求和"，在选定汇总项中选择 1 月至 9 月，单击"确定"按钮，如图 4-23 所示。调整显示分级。

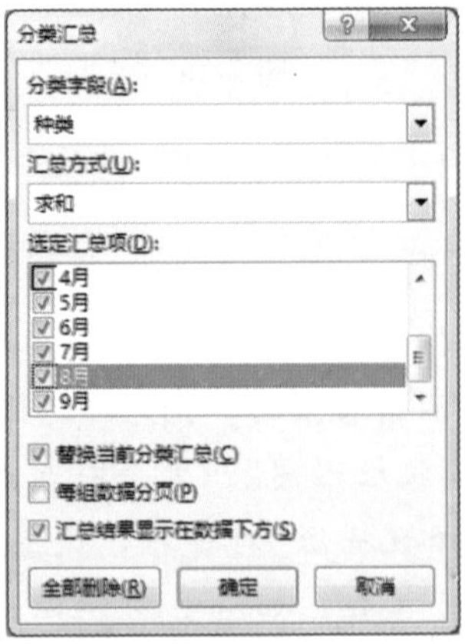

图 4-23

5. 选定 B2：K2 区域，按 Ctrl 键，选定"B5：K5，B8：K8，B11：K11，B14：K14"区域，选择"插入"选项卡，打开"插入图表"对话框，选择"带数据标记的折线图"，单击"确定"按钮，如图 4-24 所示。

6. 编辑图表。单击图表标题，修改为"商品月销售分析"。单击图表右侧的"图表元素"按钮，选择"坐标轴标题"中的"主要纵坐标轴"，输入"销量"。选择"图表工具"所属的"格式"选项卡，单击"大小"功能组的对话框启动器按钮，打开"设置坐标轴格式窗格"，选择"大小与属性"，设置垂直对齐方式为"中部居中"，文字方向为"竖排"。结果如图 4-25 所示。

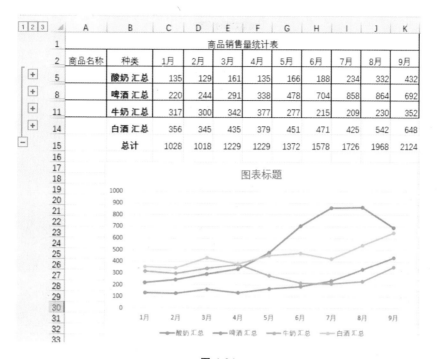

图 4-24

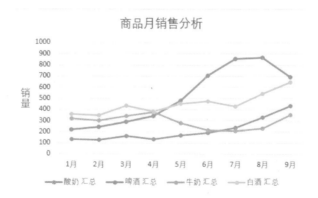

图 4-25

7. 使用数据透视表分析二季度酒类销售情况。复制商品销售表，删除图表，打开"分类汇总"对话框，如图 4-26 所示，单击"全部删除"按钮，工作表数据恢复原始状态。

8. 选择"插入"选项卡，单击"图表→数据透视图→数据透视图和数据透视表"，打开"创建数据透视表"对话框，如图 4-27 所示，在对话框中设置数据源和数据透视表存放位置，单击"确定"按钮。

图 4-26   图 4-27

9. 在界面中选择数据透视表字段为"商品名称、4月、5月、6月",使用"筛选器"选择"谷香白酒、景宇白酒、崂云啤酒、青爽啤酒",结果如图 4-28 和图 4-29 所示。

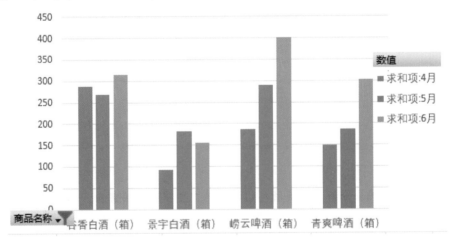

图 4-28

行标签	求和项:4月	求和项:5月	求和项:6月
谷香白酒（箱）	287	268	315
景宇白酒（箱）	92	183	156
崂云啤酒（箱）	188	290	402
青爽啤酒（箱）	150	188	302
总计	717	929	1175

图 4-29

参考答案

一、单选题

1. B　2. A　3. A　4. A　5. A　6. C　7. C　8. B　9. C　10. C　11. B　12. D　13. B
14. C　15. C　16. B　17. D　18. A　19. C　20. D　21. B　22. A　23. B　24. D　25. A
26. C　27. D　28. D　29. D　30. C　31. C　32. B　33. B　34. B　35. A　36. C　37. C
38. A　39. B　40. B　41. D　42. A　43. B　44. A　45. C　46. C　47. B　48. B　49. B
50. B　51. C　52. A　53. B　54. D　55. A　56. B　57. B

二、多选题

1. ACD　2. ACD　3. ACD　4. ABC　5. ACD　6. AC　7. BCD　8. ABD　9. ABCD
10. AB　11. BCD　12. ABD　13. AB　14. ABCD　15. ABD　16. BC　17. CD　18. ACD
19. ABC　20. ABC　21. ABCD　22. AD　23. AC　24. ABCD　25. BC　26. BCD　27. AC
28. ABC　29. ABC　30. CD　31. ABC　32. ABD　33. AC

三、填空题

1. Ctrl＋；　2. 行号，C2　3. 升序、降序和自定义序列　4. 工作簿 1，1，Sheet1
5. A6：B9　C8：E17　6. 单元格　7. 自定义自动筛选　8. xlsx　9. 行　10. 数字 0 和一个
空格　11. 逗号　12. 字符　13. 16　14. 编辑栏　15. ＊　16. 冻结窗格　17. Enter
18. Ctrl＋：　19. 023.79　20. 1　21. 12　22. －123　23. 36　24. TRUE　25. 排序　26. 磅
27. 格式刷　28. 新工作表　29. 外部数据源　30. 查看，修改　31. 数据透视表　32. 结
构，窗口

四、判断题

1. √　2. √　3. ×　4. ×　5. √　6. ×　7. ×　8. √　9. √　10. √　11. ×　12. √
13. √　14. √　15. √　16. √　17. √　18. ×　19. √　20. √　21. √　22. √　23. √
24. ×　25. ×　26. ×　27. √　28. √　29. √　30. √　31. √　32. √　33. √　34. √
35. √　36. √　37. √　38. ×　39. ×　40. √　41. √　42. √　43. ×　44. √　45. √
46. ×　47. ×　48. √　49. ×　50. ×　51. √　52. √　53. √　54. √　55. √　56. ×

五、简答题

1. Excel 2016 有哪些数据类型？它们在单元格中默认对齐方式分别是什么？

数值型数据、文本型数据、逻辑型数据、错误值。其中，数值型数据包括纯数值、日期、时间，默认右对齐；文本型数据包含汉字、字母、标点符号、特殊符号等，默认左对齐；逻辑型数据包括 TRUE 和 FALSE 两个值，默认居中对齐；错误值使用 ♯ 做前导符号，默认居中对齐。

2. 在 Excel 表格中，如何录入身份证号码？

（1）先设置单元格的格式为"文本"。选定准备输入身份证号码的单元格，右键单击，选择"设置单元格格式"，在打开的对话框中选择"数字"中的"文本"，单击"确定"按钮，

返回编辑界面，录入相应的身份证号码。此法适合录入大量身份证号码。

（2）如果只录入个别身份证号码，可以先输入一个英文单引号，然后录入身份证号码。

3. 在 Excel 中，如何输入公式？

首先选定要输入公式的单元格，然后输入一个"＝"，再键入相应的公式，输入完毕后，按回车键或单击编辑栏中的"√"。

4. 如何在 Excel 表格中快速输入一批相同的数据？

选定准备输入数据的单元格区域，输入数据，按 Ctrl＋回车组合键。

5. 介绍填充柄的主要用途。

复制数据和格式、产生自定义序列、产生等差或等比数列。

6. 举例说明 Excel 中 4 个常用的函数。

求和函数 Sum，功能是计算选定单元格区域所有数值的和。求平均值函数 AVERAGE，功能是计算选定单元格区域所有参数的算术平均值。条件统计函数 COUNTIF，功能是对选定单元格区域中满足条件的单元格进行计数。逻辑函数 IF，功能是对逻辑表达式进行测试，如果成立取第一个值，不成立取第二个值。

7. 在 Excel 中，数据排序的原则是什么？

使用多个关键字设置排序的条件时，首先按主要关键字进行排序，当主要关键字中有相同的序列时，再按照次要关键字进行排序。无论升序还是降序排列，空白单元格总是排在最后。用户创建自定义序列作为排序条件时，按照自定义的序列进行排序。

8. 举例说明 Excel 2016 有哪些常用的图表类型。

柱形图、折线图、条形图、饼图、旭日图、瀑布图、树状图等。

9. 在 Excel 中，自动填充"数据序列"应进行怎样的操作？

在 Excel 中自动填充"数据序列"应先选择一个单元格输入一个初值，再选择下一个连续的单元格输入下一个数，选定刚才输入数据的两个单元格，用鼠标拖动填充柄到目标单元格。

第 5 篇

PowerPoint 2016 应用

第 1 单元　基本知识点

1. 演示文稿的基本操作

1.1　创建演示文稿

PowerPoint 2016 提供了多种创建演示文稿的方法，包括创建空白演示文稿、利用模版创建演示文稿和使用主题创建演示文稿等。

1.1.1　启动 PowerPoint 2016 并创建空白演示文稿

双击桌面 PowerPoint 2016 快捷方式图标，在弹出的创建文件界面中单击"空白演示文稿"，即打开 PowerPoint 2016 并创建一个空白演示文稿，默认文件名为"演示文稿 1"。

1.1.2　在 PowerPoint 工作窗口创建演示文稿

选择"文件"选项卡中的"新建"命令，单击"空白演示文稿"或某个模板，再单击"创建"按钮，即可新建演示文稿。

1.2　打开演示文稿

如果需要对创建的演示文稿进行编辑，首先需要打开演示文稿。

方法 1：在计算机中找到要打开的演示文稿，然后双击该演示文稿，即可打开。

方法 2：选择"文件"选项卡中的"打开"选项，选择"最近"编辑的文档。

方法 3：选择"文件"选项卡中的"打开"选项，点击"浏览"或从"这台电脑"中找到要打开的文件，"打开"该文件。

1.3 选择演示文稿视图方式

视图是演示文稿在计算机屏幕中的显示方式。PowerPoint 2016 包括 5 种视图方式，分别是普通视图、大纲视图、幻灯片浏览视图、备注页视图和阅读视图。选择"视图"选项卡，在"演示文稿视图"功能组单击某种视图方式，可以使其成为当前视图。后文描述的相关操作均以普通视图为当前视图。

1.4 保存演示文稿

保存演示文稿的方法与保存 Word 文档相同，可以使用"文件"选项卡中的"保存"命令直接保存，也可以使用"另存为"命令，重新指定保存位置、文件名和保存类型。

2. 设计幻灯片的主题和背景

2.1 设计幻灯片的主题

在 PowerPoint 2016 中，主题是主题颜色、主题字体和主题效果等格式的集合。新创建的空白幻灯片默认为白色背景，当用户为演示文稿中的幻灯片应用了主题之后，在幻灯片中插入或输入的图形、表格、图表、艺术字或文字等对象都将应用该主题规定的格式。设置方法如下。

选择幻灯片，单击"设计"选项卡(图 5-1)，右击"主题"功能组中某个主题，从快捷菜单中选择"应用于选定幻灯片"还是"应用于所有幻灯片"。

图 5-1

2.2 设计幻灯片的背景

在打开的演示文稿中，右击任意一张幻灯片的空白处，选择"设置背景格式"，或者单击"设计"选项卡，选择"自定义"功能组中的"设置背景格式"命令，在弹出的"设置背景格式"窗口中，选择第一个"填充"，就可以看到有"纯色填充""渐变填充""图片或纹理填充""图案填充"4 种填充模式，用户可以将自己喜欢的图片设为幻灯片背景，也可以将幻灯片背景设为纯色或渐变色，还可以设置是否"隐藏背景图形"。

如果想要全部幻灯片应用相同的背景图片，单击"设置背景格式"窗口中左下角的"全部应用"按钮。

3. 幻灯片的基本操作

右击幻灯片的空白处会弹出快捷菜单，利用快捷菜单可以实现在演示文稿中更改幻灯片版式、添加幻灯片、对幻灯片复制和删除等操作。

3.1　更改幻灯片版式

新创建的"空白演示文稿"默认包含一张标题幻灯片，用户可以根据需要选择其他版式。选择幻灯片，在"开始"选项卡的"幻灯片"组中单击"版式"按钮，在弹出的下拉列表中选择需要的版式即可。

3.2　添加幻灯片

方法 1：打开要进行编辑的演示文稿，选择添加位置，如第一张幻灯片，在"开始"选项卡的"幻灯片"选项组中单击"新建幻灯片"下方的下拉按钮，则可在第一张幻灯片后面添加一张指定版式的新幻灯片。

方法 2：利用快捷菜单在演示文稿中添加幻灯片。

方法 3：利用 Ctrl＋M 组合键在演示文稿中添加幻灯片。

3.3　复制幻灯片

方法 1：选择需要复制的幻灯片，然后单击鼠标右键，在弹出的快捷菜单中选择"剪切"或"复制"命令。然后将鼠标定位到目标幻灯片上，单击鼠标右键，在弹出的快捷菜单中选择"粘贴"命令，即可将选择的幻灯片移动或复制到目标幻灯片后面。

方法 2：通过快捷键复制幻灯片。选择需要移动或复制的幻灯片，按 Ctrl＋X 或 Ctrl＋C 组合键，然后在目标位置按 Ctrl＋V 组合键，也可移动或复制幻灯片。

方法 3：键盘配合鼠标拖动复制幻灯片。

3.4　移动幻灯片

移动幻灯片是指在制作演示文稿时，根据需要对幻灯片的位置顺序进行调整。

方法：在普通视图或幻灯片浏览视图中，选定要移动位置的幻灯片，按住鼠标左键，将幻灯片拖到目标位置，松开鼠标。

3.5　删除幻灯片

方法 1：在左侧"幻灯片/大纲"窗格，选择需要删除的幻灯片，直接按 Delete 键，即可将该幻灯片删除。

方法 2：在左侧"幻灯片/大纲"窗格，使用鼠标右键单击要删除的幻灯片，在弹出的菜单中选择"删除幻灯片"命令，即可删除该幻灯片。

4. 幻灯片中文本的输入和编辑

演示文稿的幻灯片页面中允许包含文字、图片、图形、表格、声音、视频和动作按钮等，这些元素是组成幻灯片内容或情节的基础。每个元素均可以进行选择、组合、添加、删除、复制、移动、设置动画效果和动作设置等编辑操作。

4.1　输入文本

4.1.1　在占位符中输入文本

当打开一个空演示文稿时，系统会自动插入一张标题幻灯片。幻灯片中包含的虚线框区域称为占位符。在该幻灯片中，单击标题占位符，插入点出现在其中，接着便可以输入标题的内容了。要给幻灯片添加副标题，单击副标题占位符，然后输入相关的内容。将光标移至占位符四周控制点（此时光标显示为双向箭头），然后按住鼠标左键并拖动，可调整其大小；将光标移至占位符边线非控制点位置（此时光标显示为十字箭头），然后按住鼠标左键并拖动，可调整其位置。

4.1.2 使用文本框输入文本

向幻灯片中添加不自动换行文本时，切换到"插入"选项卡，在"文本"功能组中单击"文本框"按钮，从下拉菜单中选择"横排文本框"命令。单击要添加文本框的位置，即可开始输入文本。在输入过程中，文本框的宽度会自动增大，但是文本并不自动换行。输入完毕后，单击文本框之外的任意位置即可。

4.2 格式化文本

4.2.1 设置字体与颜色

在演示文稿中，适当改变字体与字号，可以使幻灯片结构分明、重点突出。选定文本，切换到"开始"选项卡，在"字体"功能组中单击"字体"和"字号"下拉列表框，从出现的列表中选择所需的选项，即可改变字符的字体或字号。

更改文本颜色时，先选定相关文本，切换到"开始"选项卡，在"字体"功能组中单击"颜色"按钮右侧的箭头按钮，从下拉菜单中选择一种主题颜色。如果要使用非调色板中的颜色，单击"其他颜色"命令，在出现的"颜色"对话框中选择颜色。

4.2.2 调整字符间距

排版演示文稿时，为了使标题看起来比较美观，可以适当增加或缩小字符间距。方法为：选定要调整的文本，切换到"开始"选项卡，在"字体"功能组中单击"字符间距"按钮，从下拉菜单中选择一种合适的字符间距。

如果要精确设置字符间距的值，选择"其他间距"命令，打开"字体"对话框，并自动切换到"字符间距"选项卡。在"间距"下拉列表框中选择"加宽"或"紧缩"选项，然后在"度量值"微调框中输入具体的数值，最后单击"确定"按钮。

4.3 设置段落格式

4.3.1 设置段落的对齐方式

将插入点置于段落中，然后切换到"开始"选项卡，在"段落"功能组中单击所需的对齐方式按钮，即可改变段落的对齐方式。

4.3.2 设置段落缩进

将插入点置于要设置缩进的段落中，或者同时选定多个段落，切换到"开始"选项卡，在"段落"功能组中单击"对话框启动器"按钮，打开"段落"对话框。在"缩进"组中设置"文本之前"微调框的数值，以设置左缩进；指定"特殊格式"下拉列表框为"首行缩进"或"悬挂缩进"，并设置具体的度量值。设置完毕后，单击"确定"按钮。

4.3.3　设置段落行距和间距

在"段落"对话框中可以设置段落文本的前、后间距和行距。

4.3.4　使用项目符号

更改项目符号时，选定幻灯片的正文，切换到"开始"选项卡，在"段落"功能组中单击"项目符号"按钮右侧的箭头按钮，从下拉列表中选择所需的项目符号。如果预设的项目符号不能满足要求，选择"项目符号和编号"选项，打开"项目符号和编号"对话框。

在"项目符号"选项卡中单击"自定义"按钮，打开"符号"对话框。在"字体"下拉列表框中选择 Wingdings 字体，然后在下方的列表框中选择符号。单击"确定"按钮，返回"项目符号和编号"对话框。要设置项目符号的大小，在"大小"微调框中输入百分比。要为项目符号选择一种颜色，从"颜色"下拉列表框中进行选择，单击"确定"按钮，项目符号更改完毕。

4.4　特殊文本的输入

4.4.1　艺术字的编辑

（1）插入艺术字

打开需要编辑的演示文稿，选中要插入艺术字的幻灯片，选择"插入"选项卡，单击"文本"功能组中的"艺术字"按钮，在弹出的对话框中选择需要的艺术字样式。

在弹出的下拉列表中选择艺术字样式，每个样式都有名字，如选择第三行第四个：渐变填充—蓝色，强调文字 1（幻灯片的主题不一样，名字也不一样）。幻灯片中将出现一个艺术字文本框，直接在占位符中输入艺术字内容，根据需要调整位置和大小即可。

在"请在此放置您的文字"处录入你所需要的文字，单击"绘图工具"中"格式"选项卡，选择"形状样式"组中命令可以更改艺术字外边框的格式和填充颜色，选择"艺术字样式"组中的命令可以设置艺术字文本填充、文本轮廓和文本效果等。

（2）编辑艺术字

选择"开始"选项卡，在"字体"功能组中根据自己的需要，设置字体、字号、颜色等（图 5-2）。

图 5-2

（3）改变艺术字的位置

选定艺术字，鼠标指针指向艺术字外边框处，当指针变成四向箭头时按住鼠标左键不放，拖动鼠标即可改变艺术字的位置。

4.4.2　符号的输入

打开需要编辑的演示文稿，选择要插入符号的幻灯片，选择"插入"选项卡，单击"符号"功能组中的"符号"按钮，在弹出的对话框中选择所需要的特殊符号，如图 5-3 所示。

图 5-3

4.4.3 插入批注

（1）新建批注

选择需要建立批注的幻灯片，选择"审阅"选项卡，单击"新建批注"按钮，即可新建一条批注，可以直接在文本框中输入内容，比如"非常重要，定期查看"。

（2）删除批注

在幻灯片批注标志处点击鼠标右键，从快捷菜单中选择"删除批注"，也可以使用"批注"功能组中的"删除"按钮，如图 5-4 所示。

图 5-4

（3）显示批注

点击"显示批注"，按照"批注窗格"和"显示标志"的方式显示，可以同时选择显示，也可以选中一种方式显示，如图 5-5 所示。

图 5-5

如果一张幻灯片中出现多个批注，可以单击批注标记，通过"批注"功能区中的上一条、下一条命令进行逐条查找，或在"批注窗格"进行查看。

4.4.4 公式的输入

新建一个空白演示文稿，选择"插入"选项卡，点击工具栏"符号"中的"公式"下拉按钮，下拉菜单中已经列出一些常用公式。

选择需要的公式，单击即可直接输出公式。如果公式为选定状态，就会自动切换到"公式工具"中的"设计"选项卡，此时通过工具栏中提供的各种公式工具，即可对公式进行编辑修改。

5.幻灯片中图片和形状的处理

5.1　对图片进行编辑

5.1.1　插入图片的方法

图片的使用能够使幻灯片更加形象化，它在很多时候比文字更容易表达内容。幻灯片插入图片的方法有很多种。

(1)插入计算机中的图片

选择"插入→图像→图片"按钮，在本地计算机中选择一张或多张图片，单击"插入"按钮。

(2)插入联机图片

输入关键字，选择一张或者多张图片插入。单击"插入→图像→联机图片"按钮，输入关键字，如"崂山"，选中其中的一张或者多张图片，单击"插入"按钮，如图 5-6 所示。

图 5-6

(3)插入屏幕截图

选择"插入→图像→屏幕截图"，如图 5-7 所示。

图 5-7

5.1.2 图片的基本编辑

插入图片后，需要对其位置、大小、颜色、边框等属性进行编辑，应当先选定图片，选择"图片工具"选项卡中的"格式"选项卡，在其中可以对图片进行一些基本的编辑操作。

（1）调整图片大小

选定图片后，当鼠标移动到图片四周的控制点后，变成双向箭头，按住鼠标左键进行拖动可改变图片的大小。此外，还可以在"格式"选项卡的"大小"区域中的"高度"和"宽度"文本框中直接输入数值来设置图片的大小。如果只需要显示图片的某一部分，可以使用"裁剪"功能进行编辑。单击"裁剪"按钮，图片四周出现 8 个裁剪点，移动鼠标到裁剪点，按住鼠标，拖动裁剪点即可对图片进行裁剪。

移动和旋转图片：将鼠标移动到图片上，鼠标指针会变成四向箭头，按住鼠标左键进行拖动，把图片放到合适的位置上。

（2）改变图片的排列顺序

在"格式→排列"中单击"上移一层"或者"下移一层"按钮，可以逐层移动图片。单击按钮右侧的小箭头，有更多选项可以选择调整多张图片之间的排列顺序。

（3）组合图片

选定需要组合的多张图片，在"格式→排列"组中单击组合按钮，即把多个图片组合成一个整体。单击"组合"按钮右侧的小箭头可以打开更多选项"重新组合"或者"取消组合"。

5.2 个性化形状的设置

在幻灯片中使用形状可以丰富幻灯片的内容，让文本变得生动。形状包括线条、矩形、基本形状、箭头、流程图、标注、动作按钮等。对绘制的形状还可以进行编辑操作。

5.2.1 选择并绘制形状

选择"插入"选项卡，单击"形状"按钮，在打开的形状列表中选择一种形状，如圆形、矩形、箭头、动作按钮等。

将鼠标移至幻灯片中，当指针变为"＋"字形时，按住鼠标左键不放并拖动绘制选择的形状。

在绘制的形状上，右击弹出快捷菜单，选择"编辑文字"，可以在其中输入文本（图 5-8）。

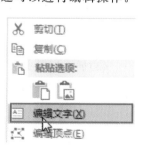

图 5-8

5.2.2　修改和美化形状

绘制形状后，如果形状不符合要求可以对其进行修改调整。选择绘制的形状，在"格式"选项卡中可以修改它的大小、样式等。

(1)修改形状

修改主要包括修改大小和形状类型两个操作。

①修改形状大小。拖动形状四周的 8 个尺寸控制点即可调整其大小。也可以在"格式"选项卡"大小"区域直接输入图形的宽度和高度来调整图形的大小(图 5-9)。

②修改形状类型。选择形状，在"格式"选项卡中选择"编辑形状→更改形状"命令，在弹出的列表框中选择一种形状，可以修改当前的形状。

图 5-9

(2)美化形状

美化形状的方式主要有更改形状样式、设置形状填充、设置形状轮廓、设置形状效果 4 种。

①更改形状样式。选定形状，单击"格式"选项卡中的"形状样式"下拉箭头，在弹出的列表中选择一种形状样式。

②设置形状填充。选定形状，单击"格式"选项卡中的"形状填充"下拉箭头，在弹出的列表中选择一种主题颜色或者效果，可设置为纯色、图片、浅变色、纹理等填充效果。

③设置形状轮廓。选定形状，单击"格式"选项卡中的"形状轮廓"下拉箭头，在弹出的列表中选择形状外边框的显示效果，可设置其颜色、宽度及线型。

④设置形状效果。选定形状，单击"格式"选项卡中的"形状效果"下拉箭头，在弹出的列表中选择形状的外观效果，可设置为阴影、发光、映像、柔化边缘、棱台、三维旋转等效果。

6. 添加 SmartArt 图形

6.1　认识 SmartArt 图形

6.1.1　认识图示

图示即用图形来表示、说明对象，如说明对象的流程，显示非有序信息块或分组信息块，说明各个组成部分之间的关系等。

6.1.2　SmartArt 图形的类型

SmartArt 图形有多种类型，而且每种类型包含不同的布局。

①列表。主要用于显示非有序信息或分组信息，通常可通过编号 1，2，3…的形式来表示，主要用于强调信息的重要性。

②流程。主要用于显示作业的整个过程，或项目需要经过的主要步骤，通常用箭头进行连接，从项目的开始指向结束。

③循环。主要用于表示项目中可持续操作的部分，或表示阶段、事件、任务的连续

性，主要用于强调重复过程。

④层次结构。主要用于显示组织中的分层信息或上下级关系，或显示组织中的分层信息或报告关系等。

⑤关系。主要用于显示两种对立或对比观点，或比较和显示两个观点之间的关系，以及显示与中心观点的关系等。

⑥矩阵。用于以象限的方式显示部分与整体的关系。

⑦棱锥图。用于显示比例关系、互联关系或层次关系，最大的部分通常置于底部，向上渐窄。

6.2 插入 SmartArt 图形

选择需要插入 SmartArt 图形的幻灯片，选择"插入"选项卡，单击"插图"组中的 SmartArt 按钮，打开"选择 SmartArt 图形"对话框，在左侧的窗格中选择 SmartArt 的类型，再在中间"列表"的列表框中选择需要的布局样式，在右侧窗格中会显示对该布局的具体说明，然后单击"确定"按钮即可。

6.3 在图形中添加文本

插入幻灯片中的 SmartArt 图形都不包含文本，这时可以在各种形状中添加文本，主要可使用以下方法来添加文本。

（1）直接输入

单击 SmartArt 图形中的一个形状，此时在其中出现文本插入点，直接输入文本即可。

（2）通过"文本窗格"输入

选择 SmartArt 图形，依次单击"SmartArt 工具→设计→创建图形→文本窗格"按钮，在打开的"在此输入文本"窗格中输入所需的文字。

（3）通过右键菜单输入

选择 SmartArt 图形，在需要输入文本的形状上右击，在弹出的快捷菜单中选择"编辑文字"。

6.4 调整布局

如果对初次创建的 SmartArt 图形的布局不满意，可随时更换为其他布局，默认情况下，SmartArt 图形是"从左到右"进行布局的，还可调整图形循环或指向的方向。

（1）更换布局

选中 SmartArt 图形，单击"SmartArt 工具→设计→版式"中的"其他"按钮，在打开的列表框中选择该类型的其他布局(图 5-10)。

图 5-10

（2）更换类型和布局

若要更改为其他类型的布局，在展开的列表框中选择"其他布局"选项，打开"SmartArt 图形"对话框，选择其他类型的布局。

6.5　添加或删除形状

（1）添加形状

在 SmartArt 图形中单击最接近新形状的添加位置的现有形状，选择"SmartArt 工具→设计"选项卡，单击创建图形组中的添加形状右侧的三角（图 5-11），在打开的列表框中选择其中一个选项作为新形状设置。

图 5-11

在后面添加形状：在所选形状所在的级别上，要在该形状后面插入一个形状。

在前面添加形状：在所选形状所在的级别上，要在该形状前面插入一个形状。

在上方添加形状：在所选形状的上一级别插入一个形状，此时新形状将占据所选形状的位置，而所选形状及其下的所有形状均降一级。

在下方添加形状：在所选形状的下一级别插入一个形状，此时新形状将添加在同级别的其他形状结尾处。

添加助理：在所选形状与下一级别之间插入一个形状，此选项仅在"组织结构图"布局中才可见。

（2）删除形状

删除形状的方法比较简单，选择需要删除的形状边框，按 Delete 键即可将其删除，但并不是所有的形状都可以删除，不同的布局，执行操作的结果是不同的。

7. 插入视频和音频

（1）插入视频

选择"插入"选项卡，单击"媒体"组"视频"下方的三角，打开下拉菜单，可以选择"联机视频"和"PC 上的视频"两种。以插入 PC 上的视频为例，在打开的插入视频对话框中，选择视频所在的路径，并选择需要的视频，如图 5-12 所示。

（2）插入音频

选择"插入"选项卡，单击"媒体"组"音频"下方的三角，可以插入"PC 上的音频"和"录制音频"，方法与插入视频相同。

图 5-12

8. 设置动画效果

在幻灯片中可以给文本、图片、图形、表格等对象添加动画效果，还可以添加自定义动画效果，增加幻灯片展示的吸引力。

在 PowerPoint 中的动画主要有进入、强调、退出和动作路径几种类型，用户可利用"动画"选项卡来添加和设置这些动画效果。

"进入"动画是 PowerPoint 中应用最多的动画类型，是指放映某张幻灯片时，幻灯片中的文本、图像和图形等对象进入放映画面时的动画效果。

"强调"动画是指在放映幻灯片时，为已显示在幻灯片中的对象设置的动画效果，目的是为了强调幻灯片中的某些重要对象。

"退出"动画是指在幻灯片放映过程中为了使指定对象离开幻灯片而设置的动画效果，它是进入动画的逆过程。

"动作路径"动画不同于上述 3 种动画效果，它可以使幻灯片中的对象沿着系统自带的或用户自己绘制的路径进行运动。

8.1 添加动画效果的方法

PowerPoint 为我们提供了多种预设的动画效果，用户可以根据需要对幻灯片中的对象添加不同的动画效果。另外，还可以为一个对象设置单个动画效果或者多个动画效果，还可以为一张幻灯片中的多个对象设置统一的动画效果。

（1）添加单个动画效果

在幻灯片中选定一个对象后就可以给该对象添加一种动画效果，可设置为进入、强调、退出和动作路径中的任意一种动画效果。具体操作方法有如下 3 种。

方法 1：在"动画"选项卡的"动画"功能组中选择动画，如轮子，如图 5-13 所示。

图 5-13

方法 2：在"动画"选项卡的"动画"功能组右侧选择下拉箭头，弹出动画选择列表，从列表中选择一种动画效果，如图 5-14 所示。

图 5-14

方法 3：点击"动画"选项卡中"高级动画"功能组的"添加动画"按钮。添加动画之后，幻灯片一般会自动播放动画效果，以确认动画效果是否满意，如果不满意可以重新选择。也可以单击"动画"选项卡中的"预览"按钮进行多次预览，如图 5-15 所示。

图 5-15

（2）添加多个动画效果

在幻灯片中可以为某个对象设置多个动画效果。其方法是，在设置单个动画后，在"高级动画"功能组中单击"添加动画"按钮，打开动画列表框，在其中选择一种动画，这样为对象添加一种新的动画效果。

8.2　设置动画效果

为对象添加动画后，可以利用"效果选项"命令设置与该动画对应的特殊效果属性。不同的动画效果，其选项也不相同，如图 5-16 所示。

（1）设置开始方式

利用"计时"组中的命令可以设置动画的开始播放方式，动画持续时间和播放延迟时间等。

（2）调整动画顺序

给对象设置好动画后，可以根据需要调整动画的播放顺序。选定需要更改播放顺序的动画序号，单击"动画选项卡"中"计时"组内"对动画重排顺序"所属的"向前移动"或"向后移动"，或者在"动画窗格"中进行调整。

（3）使用"动画窗格"来设置动画效果

利用"动画窗格"可以管理已添加的动画效果，如选择、删除动画效果，调整动画效果的播放顺序，以及对动画效果进行更多设置等。

图 5-16

单击"高级动画"组中"动画窗格"按钮，在 PowerPoint 窗口右侧打开"动画窗格"，可以看到为当前幻灯片添加的所有动画效果都显示在该窗格中，将鼠标指针移至某个动画效果上方，将显示动画的开始播放方式、动画效果类型和添加动画的对象，如图 5-17 所示。

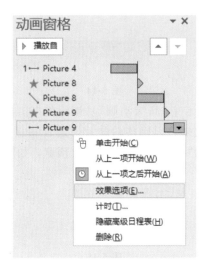

图 5-17

在动画窗格单击某个动画效果，可以选择该动画，若配合 Ctrl 键和 Shift 键还可同时选择多个效果。

如果希望对动画效果进行更多设置，可单击要设置的效果，再单击右侧的三角按钮，从弹出的列表中选择对应选项进行设置。不同动画效果的设置项也不相同(图 5-18、图 5-19)。

图 5-18

图 5-19

幻灯片中的动画效果都是按照添加时的顺序进行播放的，用户可根据需要调整动画的播放顺序。调整时，只需在"动画窗格"中选中要调整顺序的动画效果，然后单击"上移"或"下移"按钮即可。

9. 幻灯片的切换

幻灯片切换方式是指演示文稿放映过程中幻灯片进入和离开屏幕时产生的视觉效果。

以第一张幻灯片为例,选择该幻灯片,单击"切换"选项卡中"切换到此幻灯片"功能组的某个命令,即为第一张幻灯片设置了切换效果,使用"效果选项"可以设置动画效果的属性。在"切换"选项卡的"计时"功能组中,可以设置幻灯片的换片方式、声音效果等。

10. 幻灯片的放映

10.1　在幻灯片中添加链接

幻灯片的各种放映效果,如动画效果、切换效果、链接效果和声音效果等,由多方面的放映属性决定。这些属性是在编辑幻灯片过程中设定的,并成为演示文稿的内容。

幻灯片中的文本、图片、形状等对象可以设置交互动作。幻灯片放映时,运用该对象可以引发某个动作或链接到本文档中的其他位置或其他文件。

设置方法:选定幻灯片中的文本或形状,单击"插入"选项卡,选择"链接"功能组中的"动作按钮"或"超链接"命令,在弹出的对话框中进行设置。

10.2　设置放映幻灯片的内容

使用"开始放映幻灯片"功能组中的命令,可以定义放映文稿中的哪些幻灯片。

10.2.1　从头开始放映

从第一张幻灯片开始,依次放映每张幻灯片。

方法 1:单击"开始放映幻灯片"功能组中的"从头开始"按钮。

方法 2:选择第一张幻灯片,单击状态栏中"幻灯片放映"按钮。

方法 3:按 F5 键。

10.2.2　从当前幻灯片开始放映

从文稿中的某张幻灯片开始放映,可以通过以下几种方式实现。

方法 1:选择某张幻灯片,单击"开始放映幻灯片"功能组中的"从当前幻灯片开始"按钮。

方法 2:选择某张幻灯片,单击状态栏中"幻灯片放映"按钮。

方法 3:按 Shift+F5 组合键。

10.2.3　自定义放映幻灯片的内容

方法 1:单击"开始放映幻灯片"功能组中的"自定义幻灯片放映"按钮,在"自定义放映"对话框中单击"新建",选择需要放映的幻灯片并"添加",可以调整放映顺序、重命名"自定义放映"的名称,然后单击"确定"按钮,关闭对话框。

方法 2:单击"设置"功能组中的"设置幻灯片放映"按钮,在打开的"设置放映方式"对话框中定义放映幻灯片的范围"从……到……"。

方法 3:选择不需要放映的幻灯片,单击"幻灯片放映"选项卡中"设置"功能组的"隐藏幻灯片"，可以在放映幻灯片时隐藏该幻灯片。

10.3 设置幻灯片的放映方式

选择"幻灯片放映"选项卡，单击"设置"功能组中的"设置幻灯片放映"按钮，打开"设置放映方式"对话框，如图 5-20 所示。

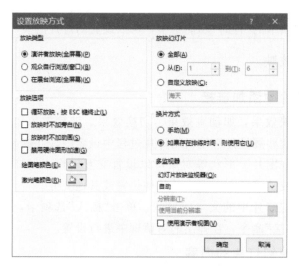

图 5-20

用户可以根据需要设置放映类型、放映幻灯片的数量、换片方式和是否循环播放演示文稿等。其中，放映类型确定幻灯片的显示方式，包括演讲者放映、观众自行浏览和在展台浏览 3 种放映方式。

10.3.1 演讲者放映

此选项是默认的放映方式。在这种放映方式下，幻灯片全屏放映，放映者有完全的控制权，可以控制放映停留的时间、暂停演示文稿放映等。采用本放映方式，换片方式可以选择"单击鼠标"或"自动换片"。

10.3.2 观众自行浏览

在这种放映方式下，幻灯片从窗口放映。窗口标题栏仅显示控制菜单和控制按钮，状态栏显示控制放映的按钮及视图按钮，支持单击鼠标继续放映，观众自己选择要观看的幻灯片。采用本放映方式，换片方式可以选择"单击鼠标"或"自动换片"。

10.3.3 在展台浏览

在这种放映方式下，幻灯片全屏放映。每次放映完毕后，自动反复，循环放映。采用本放映方式，换片方式需要选择"自动换片"。

提示：上述 3 种放映方式，按 Esc 键终止幻灯片放映。

第 2 单元　巩固练习

一、单选题

1. PowerPoint 2016 的主要功能是(　　　　)。

A. 制作电子演示文稿　　　　　　　　B. 声音处理

C. 图像处理　　　　　　　　　　　　D. 文字处理

2. PowerPoint 2016 中新建文件的默认名称是(　　　　)。

A. Docl　　　　　B. Sheetl　　　　　C. 演示文稿 1　　　D. Bookl

3. 进入 PowerPoint 2016 后的默认视图方式是(　　　　)。

A. 幻灯片浏览　　　B. 大纲　　　　　　C. 幻灯片　　　　　D. 普通

4. 下列视图中不属于 PowerPoint 2016 视图的是(　　　　)。

A. 幻灯片视图　　　B. 页面视图　　　　C. 大纲视图　　　　D. 备注页视图

5. 要对幻灯片母版进行设计和修改时,应在(　　　　)选项卡中操作。

A. 设计　　　　　　B. 审阅　　　　　　C. 插入　　　　　　D. 视图

6. 在 PowerPoint 2016 中,要想同时查看多张幻灯片,应选择(　　　　)。

A. 幻灯片视图　　　　　　　　　　　　B. 普通视图

C. 幻灯片浏览视图　　　　　　　　　　D. 大纲视图

7. 编辑幻灯片中的备注可以在哪种视图下完成(　　　　)。

A. 阅读视图　　　　　　　　　　　　　B. 普通视图

C. 幻灯片浏览视图　　　　　　　　　　D. 备注页视图

8. 在 PowerPoint 2016 中,"文件"选项卡可以创建(　　　　)。

A. 新文件　　　　　B. 图标　　　　　　C. 页眉或页脚　　　D. 动画

9. 幻灯片的版式是由(　　　　)组成的。

A. 文本框　　　　　B. 表格　　　　　　C. 图标　　　　　　D. 占位符

10. 幻灯片在应用了版式之后,幻灯片中的占位符(　　　　)。

A. 不能添加,也不能删除　　　　　　　B. 不能添加,但可以删除

C. 可以添加,也可以删除　　　　　　　D. 可以添加,但不能删除

11. 要控制演示文稿所有幻灯片的整体外观风格,可使用(　　　　)。

A. 模板　　　　　　B. 幻灯片母版　　　C. 背景　　　　　　D. 动画

12. PowerPoint 2016 制作的演示文稿文件扩展名是(　　　　)。

A. pptx　　　　　　B. xls　　　　　　　C. fpt　　　　　　　D. doc

13. 在 PowerPoint 中,如果想关闭演示文稿,但不退出 PowerPoint,可以(　　　　)。

A. 选择"文件"菜单的"关闭"

B. 选择"文件"菜单的"退出"

C. 关闭窗口

D. 单击控制菜单的按钮

14. 在幻灯片中绘制图形时，按（　　）键图形为正方形或圆形。

A. Shift　　　　　B. Ctrl　　　　　C. Delete　　　　　D. Alt

15. 演示文稿与幻灯片的关系是（　　）。

A. 演示文稿和幻灯片是同一个对象　　B. 幻灯片由若干个演示文稿组成

C. 演示文稿由若干张幻灯片组成　　　D. 演示文稿和幻灯片没有联系

16. 在 PowerPoint 2016 中，添加新幻灯片的快捷键是（　　）。

A. Ctrl＋M　　　　B. Ctrl＋N　　　　C. Ctrl＋O　　　　D. Ctrl＋P

17. 当光标位于幻灯片窗格中时，单击"开始"选项卡"幻灯片"组中的"新建幻灯片"按钮，插入的新幻灯片位于（　　）。

A. 当前幻灯片之前　　　　　　　　B. 当前幻灯片之后

C. 文档的最前面　　　　　　　　　D. 文档的最后面

18. 删除幻灯片可使用（　　）快捷键。

A. Insert　　　　　B. Delete　　　　C. Ctrl＋M　　　　D. Ctrl＋V

19. 按住鼠标左键，并拖动幻灯片到其他位置是进行幻灯片的（　　）操作。

A. 移动　　　　　　B. 复制　　　　　C. 删除　　　　　D. 插入

20. 若要在"幻灯片浏览"视图中选择多张幻灯片，应先按住（　　）键。

A. Alt　　　　　　B. Ctrl　　　　　C. F4　　　　　　D. Shift＋F5

21. 在 PowerPoint 幻灯片浏览视图中，按住 Ctrl 键并拖动某幻灯片，可以完成（　　）操作。

A. 移动幻灯片　　　B. 复制幻灯片　　C. 删除幻灯片　　D. 选定幻灯片

22. 要在幻灯片中插入表格、图片、艺术字、视频、音频等元素时，应在（　　）选项卡中操作。

A. 文件　　　　　　B. 开始　　　　　C. 插入　　　　　D. 设计

23. 在 PowerPoint 2016 中，"插入"选项卡可以创建（　　）。

A. 新文件　　　　　　　　　　　　B. 表格、图片和形状

C. 文本左对齐　　　　　　　　　　D. 动画

24. 在幻灯片中添加艺术字应该选择（　　）选项卡。

A. 开始　　　　　　B. 插入　　　　　C. 设计　　　　　D. 动画

25. 插入组织结构图应选择（　　）按钮。

A. 形状　　　　　　B. 图表　　　　　C. 图片　　　　　D. SmartArt

26. 在 PowerPoint 2016 中，如果要将幻灯片的方向改为纵向，可通过（　　）命令实现。

A. 页面设置　　　B. 幻灯片大小　　C. 幻灯片版式　　D. 适应窗口大小

27. 在"图片工具"的（　　）功能组中可以对图片进行添加边框的操作。

A. 图片样式　　　B. 调整　　　　　C. 大小　　　　　D. 排列

28. 幻灯片的背景颜色是可以改变的，可以通过右键快捷菜单中的（　　）命令进行

设置。

　　A. 设置背景格式　　B. 颜色　　　　　　C. 动画设置　　　　D. 标尺

29. 下列关于幻灯片背景的说法错误的是(　　　　)。

　　A. 用户可以为幻灯片设置不同的颜色、图案或纹理

　　B. 可以使用图片作为幻灯片背景

　　C. 不可以同时为多张幻灯片设置背景

　　D. 可以为单张幻灯片设置背景

30. 要设置幻灯片中对象的动画效果以及动画的出现方式时，应在(　　　　)选项卡中操作。

　　A. 切换　　　　　　B. 动画　　　　　　C. 设计　　　　　　D. 审阅

31. 要设置幻灯片的切换效果以及切换方式时，应在(　　　　)选项卡中操作。

　　A. 开始　　　　　　B. 设计　　　　　　C. 切换　　　　　　D. 动画

32. 在对 PowerPoint 幻灯片进行自定义动画设置时，可以改变(　　　　)。

　　A. 幻灯片片间切换的速度　　　　　　B. 幻灯片的背景

　　C. 幻灯片中某一对象的动画效果　　　D. 幻灯片设计模板

33. 在放映演示文稿过程中，下列哪个操作可以实现幻灯片的跳转(　　　　)。

　　A. 幻灯片切换　　　　　　　　　　B. 添加动作按钮

　　C. 自定义动画　　　　　　　　　　D. 设置动画方案

34. 在 PowerPoint 中，幻灯片能够按照预设时间自动连续放映，应该是指(　　　　)。

　　A. 幻灯片切换　　　　　　　　　　B. 观看方式

　　C. 自定义放映　　　　　　　　　　D. 排练计时

35. 以下对于 PowerPoint 排练计时功能的描述中，最适当的是(　　　　)。

　　A. 根据演示的需要设置每张幻灯片的放映时间

　　B. 排练定时放映幻灯片

　　C. 试验定时放映的功能是否良好

　　D. 排练幻灯片的放映效果

36. 从第一张幻灯片开始放映幻灯片的快捷键是(　　　　)。

　　A. F2　　　　　　　B. F3　　　　　　　C. F4　　　　　　　D. F5

37. 从当前幻灯片开始放映幻灯片的快捷键是(　　　　)。

　　A. Shift＋F5　　　　B. Shift＋F4　　　C. Shift＋F3　　　D. Shift＋F2

38. 放映幻灯片时，默认的换片方式是(　　　　)。

　　A. 右击鼠标　　　　B. 按空格键　　　C. 单击鼠标　　　D. 双击鼠标

39. 演示文稿保存为扩展名是(　　　　)的文件，在没有安装 PowerPoint 2016 的系统中可以直接放映。

　　A. pptx　　　　　　B. ppz　　　　　　C. pps　　　　　　D. ppt

二、多选题

1. 在 PowerPoint 中，有哪些方法可以建立演示文稿(　　　　)。

A. 按 Ctrl＋O 键　　　　　　　　　　B. 按 Ctrl＋N 键

C. 在"文件"选项卡中选择"新建"命令　D. 按 Ctrl＋M 键

2. PowerPoint 2016 的操作界面由(　　　)组成。

A. 功能区　　　　　B. 工作区　　　　　C. 状态区　　　　　D. 放映区

3. 下列属于"开始"选项卡工具命令的是(　　　)。

A. 粘贴、剪切、复制

B. 新建幻灯片、设置幻灯片版式

C. 设置字体、段落格式

D. 查找、替换、选择

4. 下列属于"插入"选项卡工具命令的是(　　　)。

A. 表格、公式、符号　　　　　　　　B. 图片、艺术字、形状

C. 图表、文本框、批注　　　　　　　D. 视频、音频、SmartArt 图形

5. 下列属于"设计"选项卡中命令的是(　　　)。

A. 幻灯片大小　　　　　　　　　　　B. 幻灯片主题

C. 设置背景格式　　　　　　　　　　D. 动画效果

6. 在 PowerPoint 2016 中,"设计"选项卡可自定义演示文稿的(　　　)。

A. 页面　　　　　B. 表格与形状　　　C. 主题和背景格式　D. 动画

7. 在 PowerPoint 编辑状态下,可以进行幻灯片移动和复制操作的视图方式为(　　　)。

A. 普通视图　　　　B. 幻灯片放映　　　C. 幻灯片浏览　　　D. 备注页

8. 在"切换"选项卡中,可以进行的操作有(　　　)。

A. 设置幻灯片的切换效果

B. 设置幻灯片的换片方式

C. 设置幻灯片切换效果的持续时间

D. 设置幻灯片的版式

9. 演示文稿中关于自定义动画,说法正确的是(　　　)。

A. 可以带声音　　　　　　　　　　　B. 可以添加效果

C. 不可以进行预览　　　　　　　　　D. 可以调整顺序

10. 下列关于幻灯片动画效果的说法正确的是(　　　)。

A. 幻灯片中的对象可以设置详细的动画效果

B. 对幻灯片中的对象可以设置"弹跳"效果

C. 幻灯片文本不能设置动画效果

D. 动画顺序决定了对象在幻灯片中出场的先后次序

11. 在进行幻灯片动画设置时,可以设置的动画效果有(　　　)。

A. 进入　　　　　B. 强调　　　　　　C. 退出　　　　　　D. 动作路径

12. 在幻灯片中设置的超链接对象可以是(　　　)。

A. 下一张幻灯片　　　　　　　　　　B. 一个应用程序

C. 其他演示文稿　　　　　　　　　　D. 幻灯片的某一对象

13. 在幻灯片放映中，要后退到上一张幻灯片，可以的操作是(　　)。

　　A. 使用动作按钮链接　　　　　　　B. 按向上的方向键

　　C. 按 Tab 键　　　　　　　　　　　D. 按 PageUp 键

14. 在幻灯片放映过程中，能正确切换到下一张幻灯片的操作是(　　)。

　　A. 按向下或向右的方向键　　　　　B. 按 F5 键

　　C. 按 PageDown 键　　　　　　　　D. 单击鼠标左键

15. 在"幻灯片放映"选项卡中，可以进行的操作有(　　)。

　　A. 选择幻灯片的放映内容

　　B. 设置幻灯片的放映方式

　　C. 隐藏放映时不需要显示的幻灯片

　　D. 设置幻灯片的背景样式

16. 在"视图"选项卡中，可以进行的操作有(　　)。

　　A. 选择演示文稿视图的模式

　　B. 更改母版视图的设计和版式

　　C. 显示标尺、网格线和参考线

　　D. 设置显示比例

17. 在 PowerPoint 2016 中，要同时选择第 1、2、5 三张幻灯片，应该在(　　)视图下操作。

　　A. 普通　　　　　B. 大纲　　　　　C. 幻灯片浏览　　　D. 备注

18. 在演示文稿中插入页脚，下列说法正确的是(　　)。

　　A. 可以只应用于当前幻灯片　　　　B. 插入的日期和时间可以自动更新

　　C. 不能插入日期和时间　　　　　　D. 可以设置幻灯片编号

19. 能显示和编辑备注内容的视图模式是(　　)。

　　A. 普通视图　　　　　　　　　　　B. 大纲视图

　　C. 幻灯片浏览视图　　　　　　　　D. 备注页视图

20. "动画"选项卡中可以进行哪些操作(　　)。

　　A. 设置交互动作　　　　　　　　　B. 预览幻灯片切换效果

　　C. 自定义动画　　　　　　　　　　D. 动画预览

21. PowerPoint 2016 可以指定每个动画发生的时间，以下设置哪些能实现让当前动画与前一个动画同时出现(　　)。

　　A. 从上一项开始

　　B. 从上一项之后开始

　　C. 在自定义动画的"开始"中选择"之前"

　　D. 在自定义动画的"开始"中选择"之后"

22. 采用动作按钮，能实现哪些功能(　　)。

　　A. 链接到指定幻灯片　　　　　　　B. 打开 Word 或 Excel 文档

　　C. 运行可执行程序　　　　　　　　D. 电子邮件地址

23. 有关动画出现的时间和顺序的调整，以下说法哪些正确（   ）。

A. 动画必须依次播放，不能同时播放

B. 动画出现的顺序可以调整

C. 有些动画可设置为满足一定条件时再出现，否则不出现

D. 如果使用了排练计时，则放映时无须单击鼠标控制动画的出现时间

24. 将演示文稿打包时，可以包含哪些内容（   ）。

A. PowerPoint 播放器　　　　　　　　B. TrueType 字体

C. 链接的文件　　　　　　　　　　　D. PowerPoint 程序

25. 在 PowerPoint 2016 中，要删除文本的动画效果，正确的操作有（   ）。

A. 选中文本，按 Delete 键

B. 选中文本，选择"剪切"命令

C. 选中文本，在动画窗格中选定动画效果，从列表中单击"删除"按钮

D. 在幻灯片中选择标识动画顺序的号码，按 Delete 键

26. PowerPoint 若要设置幻灯片中绘制图形的边框颜色，应该在（   ）中进行操作。

A. "设计"选项卡的"形状"组

B. "绘图工具"所属"工具"选项卡的"艺术字样式"组

C. "开始"选项卡的"绘图"组

D. "视图"选项卡的"颜色"组

三、填空题

1. 在幻灯片的指定位置输入文本，可以使用（   ）、（   ）和图形。

2. Powerpoint 占位符共有 5 种类型，分别是（   ）、（   ）、数字占位符、日期占位符和页脚占位符。

3. 在新创建的 PowerPoint 中，添加第二张幻灯片时，选择"开始"选项卡，单击"幻灯片"功能组中的（   ）按钮。

4. 在 PowerPoint 幻灯片浏览视图窗口，按（   ）键可以切换到第一张幻灯片。

5. 在 PowerPoint 2016 中，"设计"选项卡可自定义幻灯片的主题、背景和（   ）。

6. PowerPoint 2016 提供了 3 中不同的放映方式：（   ）、（   ）和（   ），分别适用于不同的播放场合。

7. 在幻灯片放映时阻止第三张幻灯片放映的方法是（   ）。

8. 放映幻灯片的快捷键是（   ）。

9. 在缺省状态下，在 PowerPoint 中按 Shift＋F5 组合键后，幻灯片从（   ）页开始放映。

10. 在 PowerPoint 2016 中，改变幻灯片的播放次序，可以通过对某一对象链接到指定文件，可以使用动作按钮或（   ）命令。

11. 在幻灯片放映的过程中，可以按（   ）终止播放。

12. PowerPoint 2016 提供了（   ）、（   ）、（   ）、（   ）和（   ）5 种演示文稿视图方式。

13. 要在 PowerPoint 2016 中显示标尺、网络线、参考线，以及对幻灯片母版进行修

改，应在（　　　）选项卡中进行操作。

14. 幻灯片中动画开始的方式有（　　　）、（　　　）和（　　　）3 种。

15. 删除幻灯片中某个对象的方法是：选定该对象，然后按（　　　）。

16. 在 PowerPoint 2016 中提供了 4 类动画样式，包括（　　　）、（　　　）、（　　　）以及（　　　）。

17. 切换幻灯片时可以单击鼠标或使用键盘的向下方向键、（　　　）。

18. PowerPoint 中的超链接有"单击鼠标"和（　　　）两种实现形式。

19. 幻灯片放映范围中的"全部"是指从（　　　）开始，依次放映到最后一张为止。

20. PowerPoint 中能够编辑幻灯片中对象的视图方式是（　　　）。

21. 在演示文稿中每张幻灯片都是基于某种（　　　）创建的，它预定义了新建幻灯片的各种占位符布局情况。

22. 要想使幻灯片中的标题、图片、文字等对象按用户要求顺序出现，应对它们进行的设置是（　　　）。

23. 在 PowerPoint 中，如果想要放映时跳过第二张幻灯片，可以采取的操作是（　　　）或者设置动作按钮链接到第三张幻灯片。

24. 在 PowerPoint 中，激活超链接的动作是使用鼠标（　　　）"超链点"。

25. 使用排练计时可以定义幻灯片切换的时间，它需要在（　　　）视图下进行设置。

26. 使用快捷菜单给插入幻灯片中的形状添加文字，应选择（　　　）命令，然后键入文本。

四、判断题

1. 运行 PowerPoint 2016 后，界面中只有一张空白的幻灯片。（　　　）

2. PowerPoint 的占位符是指应用设计模板创建新幻灯片时出现的虚线方框。（　　　）

3. 在应用某种版式后，用户可以删除占位符。（　　　）

4. 幻灯片浏览视图是进入 PowerPoint 2016 后的默认视图。（　　　）

5. PowerPoint 2016 的功能区中的命令不能进行增加和删除。（　　　）

6. PowerPoint 2016 的功能区包括快速访问工具栏、选项卡和工具组。（　　　）

7. 在 PowerPoint 2016 中创建和编辑的单页文档称为幻灯片。（　　　）

8. 在 PowerPoint 2016 中创建的一个文档就是一张幻灯片。（　　　）

9. 新创建的"空白演示文稿"可以包含各种颜色。（　　　）

10. 在幻灯片中按 Ctrl＋Enter 组合键就可插入一张新的幻灯片。（　　　）

11. 幻灯片的复制、移动与删除在普通视图下可以完成。（　　　）

12. 幻灯片母版可以预先定义前景颜色、文本颜色、字体大小等。（　　　）

13. "删除背景"命令是 PowerPoint 2016 中的图片编辑功能。（　　　）

14. 在 PowerPoint 2016 中插入文本框后，可以在空白幻灯片中输入文字。（　　　）

15. PowerPoint 2016 幻灯片中可以处理的最大字号是初号。（　　　）

16. PowerPoint 2016 幻灯片中可以插入表格、图片、声音、影片等对象。（　　　）

17. 在幻灯片中只能加入文本、图片、图表和组织结构图等静态元素。（　　　）

18. 在幻灯片中可以将图片文件以链接的方式插入演示文稿中。（　　　）

19. 幻灯片中的文字对象设置了超链接后，文字的颜色会发生变化。（　　）

20. PowerPoint 2016 可以直接打开 PowerPoint 2016 制作的演示文稿。（　　）

21. 在 PowerPoint 2016 中，可以将演示文稿保存为 MPEG-4 视频格式。（　　）

22. 改变幻灯片母版中的信息，演示文稿中的所有幻灯片将做相应改变。（　　）

23. 在 PowerPoint 中，更改背景格式时，单击"全部应用"按钮，对所有幻灯片进行更改。（　　）

24. 用户可以对某张幻灯片的背景进行设置而不影响其他幻灯片。（　　）

25. PowerPoint 2016 具有动画功能，可使幻灯片中的各种对象以充满动感的形式展示在屏幕上。（　　）

26. 在 PowerPoint 2016 的"审阅"选项卡中可以进行拼写检查、语言翻译、中文简繁体转换等操作。（　　）

27. 在幻灯片中一个对象只能设置一种动画效果。（　　）

28. 利用"动画"功能组只能为同一对象添加一个动画效果，后添加的效果将替换前面添加的效果。（　　）

29. 幻灯片中的对象可以不进行动画设置。（　　）

30. 利用"添加动画"列表可以为同一对象添加多个动画效果。（　　）

31. 在 PowerPoint 2016 中不可以为自绘图形设置动画效果。（　　）

32. 在 PowerPoint 2016 中，"动画刷"工具可以快速设置相同动画。（　　）

33. 在"动画"列表中选择"无"，或者在"动画窗格"中选定已设定动画的对象并按 Delete 键，可以删除该对象的动画效果。（　　）

34. 幻灯片的切换效果是在两张幻灯片之间切换时发生的。（　　）

35. 设计动画时，可以在幻灯片内部设计动画效果，也可以设计幻灯片之间切换的动画效果。（　　）

36. 在 PowerPoint 2016 中，制作好的演示文稿可以直接放映，也可以用打印机打印。（　　）

37. 在 PowerPoint 放映视图方式下，幻灯片中的对象不能修改。（　　）

38. 在 PowerPoint 2016 中，插入幻灯片中的多媒体对象，不可对其设置、控制播放方式。（　　）

39. PowerPoint 2016 演示文稿的大纲由单一的标题构成，没有子标题。（　　）

40. PowerPoint 演示文稿在放映时能呈现多种效果，这些效果与演示文稿本身有关。（　　）

41. "演讲者放映"适合在展台或大屏幕投影机上自动播放。（　　）

42. 在 PowerPoint 2016 演示文稿创建后，可以根据使用者设置的不同放映方式进行播放。（　　）

43. 在采用"手动"换片方式放映演示文稿过程中，要回到上一张幻灯片，可以按 PageUp 键。（　　）

44. PowerPoint 在放映幻灯片时，按下 F5 键从第一张幻灯片开始放映。（　　）

45. 在幻灯片放映时观众可以看到备注的内容。（　　）

46. 在展台浏览放映类型中，幻灯片放映完毕后将自动退出放映。（　　）

五、练习题

1. 如何放映 PowerPoint 2016 演示文稿？

2. 使用文本框在演示文稿第一张幻灯片中添加文本"大数据与人工智能"，设计动画，效果为"缩放进入，动作路径为形状，轮子退出"。

3. 在第二张幻灯片中使用"跳转"动作按钮，超链接到本文档的第六张幻灯片。

4. 如何设置幻灯片的切换效果为"立方体，自底部，持续时间 3 秒"？

5. 如何把图片设置为幻灯片的背景？

6. 观看并说明幻灯片不同放映类型各有什么特点。

7. 说明在当前演示文稿中添加新幻灯片的方法（3 种）。

8. 向演示文稿"美丽家乡.pptx"的第三张幻灯片中插入 D 盘里的图片"麦浪.jpg"，并修改图片样式为"棱台矩形，0.5 磅红色边框"。

9. 设计演示文稿第五张幻灯片的主题为"画廊，隐藏背景图形"，页面大小"全屏，宽度 28 厘米，高度 20 厘米"，全屏观看设计效果。

10. 自定义幻灯片放映的内容，只播放演示文稿中的第 1，2，5，6 四张幻灯片，并进行播放验证。

第 3 单元　实操训练

实训 1　创建自我介绍演示文稿

【实训目的】

1. 掌握创建演示文稿的方法。

2. 熟悉 PowerPoint 2016 工作环境及功能组命令。

3. 掌握在幻灯片中添加文本、图片、形状等元素的方法。

4. 掌握幻灯片的基本编辑方法。

5. 掌握幻灯片版面美化的技巧。

【实训内容】

1. 创建演示文稿，添加幻灯片。

2. 熟悉 PowerPoint 2016 工作窗口和不同视图方式。

3. 选择幻灯片的版式。

4. 设计幻灯片的主题与背景。

5. 在幻灯片中插入文本、图片、形状等元素，编辑幻灯片。

6. 观看设计效果，保存演示文稿。

【操作提示】

1. 启动 PowerPoint 2016，创建演示文稿，切换视图方式，观察工作窗口变化，在各选项卡之间切换，观察窗口功能区的变化。

2. 使用"幻灯片"功能组中的命令、快捷菜单或快捷键添加幻灯片。

3. 使用"幻灯片"功能组中的命令或快捷菜单更改幻灯片版式。

4. 使用"设计"选项卡中的命令更改幻灯片主题、设置幻灯片背景。

5. 使用"插入"选项卡中的命令在幻灯片中添加文本框、图片、形状、艺术字等元素。

6. 在占位符、文本框、形状中输入文字并对其进行编辑，对图片、形状、艺术字进行编辑。

7. 合理布局幻灯片中的对象。

8. 放映幻灯片，观看设计效果，保存演示文稿。

实训 2　设计演示文稿"致父亲节"

【实训目的】

1. 掌握设置动画效果的方法。

2. 掌握在幻灯片中添加交互动作的方法。

3. 掌握设置幻灯片切换效果的方法。

4. 掌握设置幻灯片放映方式的方法。

【实训内容】

1. 创建演示文稿，添加幻灯片。

2. 设计动画效果、交互动作、幻灯片切换等演示效果。

3. 插入音频、视频。

4. 设置幻灯片放映的内容与方式。

5. 观看设计效果，保存演示文稿。

【操作提示】

1. 创建一个文件夹，把制作演示文稿用的照片、音频、视频、文字资料存放在文件夹中。

2. 启动 PowerPoint 2016，创建演示文稿，添加幻灯片。

3. 选定幻灯片中的对象，使用"动画"选项卡中的命令设置一个或多个动画效果，包括进入效果、动作路径和退出效果。

4. 使用"插入"选项卡或快捷菜单中的"超链接"命令给对象设置超链接。

5. 使用"插入"选项卡中的"动作"命令给对象设置交互动作。

6. 使用"切换"选项卡中的命令给幻灯片设置切换效果。

7. 使用"插入"选项卡"媒体"功能组中的"音频"命令插入音频文件，并设置为放映幻灯片的音乐背景。

8. 使用超链接功能或直接插入视频文件。

9. 使用"幻灯片放映"选项卡的"自定义幻灯片放映"命令或"隐藏幻灯片"命令，选择放映幻灯片的内容。

10. 使用"幻灯片放映"选项卡的"设置幻灯片放映"命令，设置幻灯片的放映方式，如放映类型、选项、内容、换片方式等。

11. 合理布局幻灯片中的对象。

12. 放映幻灯片，观看设计效果，保存演示文稿。

参考答案

一、单选题

1. A　2. C　3. D　4. B　5. D　6. C　7. D　8. A　9. D　10. B　11. B　12. A　13. A
14. A　15. C　16. A　17. B　18. B　19. A　20. B　21. B　22. C　23. B　24. B　25. D
26. B　27. A　28. A　29. C　30. B　31. C　32. C　33. B　34. D　35. A　36. D　37. A
38. C　39. C

二、多选题

1. BC　2. ABC　3. ABCD　4. ABCD　5. ABC　6. AC　7. AC　8. ABC　9. ABD
10. ABD　11. ABCD　12. ABC　13. ABD　14. ACD　15. ABCD　16. ABCD　17. ABC
18. ABD　19. ABD　20. CD　21. ABD　22. ABCD　23. BCD　24. ABC　25. CD　26. BC

三、填空题

1. 占位符，文本框　2. 标题占位符，文本占位符　3. 新建幻灯片　4. Home　5. 幻灯片页面　6. 演讲者放映，观众自行浏览，在展台浏览　7. 隐藏该幻灯片　8. F5 和 Shift＋F5　9. 当前　10. 超链接　11. Esc　12. 普通视图，大纲视图，幻灯片浏览视图，阅读视图，备注页视图　13. 视图　14. 单击时，与上一动画同时，上一动画之后　15. Delete 键　16. 进入，退出，强调，动作路径　17. PageDown 键　18. 鼠标移过　19. 第一张幻灯片　20. 普通视图　21. 版式　22. 对动画排序　23. 隐藏第二张幻灯片　24. 单击　25. 幻灯片放映　26. 编辑文字

四、判断题

1. √　2. √　3. √　4. ×　5. ×　6. √　7. √　8. ×　9. ×　10. ×　11. √　12. √
13. √　14. √　15. ×　16. √　17. ×　18. √　19. √　20. √　21. √　22. √　23. √
24. √　25. √　26. √　27. ×　28. √　29. √　30. √　31. ×　32. √　33. √　34. √
35. √　36. √　37. √　38. ×　39. ×　40. √　41. ×　42. √　43. √　44. √　45. ×
46. ×

五、练习题

1. 如何放映 PowerPoint 2016 演示文稿？

放映演示文稿可以分为两种情况。

如果从第一张幻灯片开始放映，有 3 种方法：

方法 1：单击演示文稿窗口状态栏中的"幻灯片放映"按钮，从第一张幻灯片开始放映。

方法 2：执行"幻灯片放映→从头开始"命令，从第一张幻灯片开始放映。

方法 3：按 F5 键，从第一张幻灯片开始放映。

如果从当前幻灯片开始放映，有 2 种方法：

方法 1：执行"幻灯片放映→从当前幻灯片开始"命令，则从当前幻灯片开始放映。

方法 2：按 Shift＋F5 组合键，从当前幻灯片开始放映。

2. 使用文本框在演示文稿第一张幻灯片中添加文本"大数据与人工智能"，设计动画，效果为"缩放进入，动作路径为形状，轮子退出"。

步骤 1：打开演示文稿，选择第一张幻灯片。

步骤 2：单击"插入→文本→文本框→横排文本框"，按住鼠标左键拖动，输入文本"大数据与人工智能"。

步骤 3：选择"动画"选项卡，单击"动画"下拉列表，选择"缩放"进入，再次在列表中选择"形状"动作路径。

步骤 4：单击"高级动画"功能组中的"添加动画"下拉列表，选择"轮子"退出。

步骤 5：单击"预览"按钮，观看设计效果。

3. 在第二张幻灯片中使用"跳转"动作按钮，超链接到本文档的第六张幻灯片。

步骤 1：选择演示文稿中的第二张幻灯片，单击"插入→插图→形状→动作按钮→前进或下一项"，在幻灯片中拖动鼠标，产生一个动作按钮。

步骤 2：右击该动作按钮，选择快捷菜单中的"编辑文字"，输入"跳转"。

步骤 3：右击动作按钮"跳转"，单击快捷菜单中的"编辑超链接"。

步骤 4：在"操作设置"对话框中选择"单击鼠标"选项卡，单击"超链接到"单选按钮，从下拉列表中选择"幻灯片"，选择第六张幻灯片，然后单击"确定"按钮。

步骤 5：单击"预览"按钮，观看设计效果。

4. 如何设置幻灯片的切换效果为"立方体，自底部，持续时间 3 秒"？

步骤 1：选择要设计切换效果的幻灯片，单击"切换→切换到此幻灯片→立方体"。

步骤 2：单击"效果选项→自底部"。

步骤 3：单击"计时→持续时间，03.00"。

步骤 4：单击"预览"按钮，观看设计效果。

5. 如何把图片设置为幻灯片的背景？

步骤 1：选择要添加背景的幻灯片，单击"设计→自定义→设置背景格式"。

步骤 2：在"设置背景格式"中单击"填充→图片或纹理填充→文件"。

步骤 3：在"插入图片"对话框中选择指定的图片，单击"插入"按钮。

步骤 4：单击"预览"按钮，观看设计效果。

6. 观看并说明幻灯片不同放映类型各有什么特点。

打开要放映的演示文稿，单击"幻灯片放映→设置幻灯片放映"，在"设置放映方式"对话框中，包括 3 种放映类型，分别选择不同的放映类型进行放映。

演讲者放映方式幻灯片全屏放映，放映者有完全的控制权，可以控制放映停留的时间、暂停演示文稿放映等；观众自行浏览方式幻灯片从窗口放映，观众可以自己选择要观看的幻灯片；在展台浏览方式幻灯片全屏放映，每次放映完毕后，自动反复，循环放映。

7. 说明在当前演示文稿中添加新幻灯片的方法(3 种)。

方法 1：使用键盘。按 Ctrl＋M 组合键，在当前幻灯片之后创建与其相同版式的幻灯片。

方法 2：使用功能组命令。依次单击"开始→幻灯片→新建幻灯片"，在当前幻灯片之后创建与其相同版式的幻灯片；如果最后一步单击"新建幻灯片"下拉按钮，可以在下拉列表中选择其他版式的幻灯片。

方法 3：使用快捷菜单。在幻灯片窗格中右击幻灯片，在快捷菜单中选择"新建幻灯片"，则在当前幻灯片之后创建与其相同版式的幻灯片。

8. 向演示文稿"美丽家乡 .pptx"的第三张幻灯片中插入 D 盘里的图片"麦浪 .jpg"，并修改图片样式为"棱台矩形，0.5 磅红色边框"。

步骤 1：打开"美丽家乡 .pptx"。

步骤 2：依次单击"插入→图像→图片→D 盘，麦浪→插入"。

步骤 3：单击图片"麦浪"，依次单击"绘图工具→格式→图片样式→棱台矩形"。

步骤 4：依次单击"绘图工具→格式→图片边框→红色，0.5 磅"。

9. 设计演示文稿第五张幻灯片的主题为"画廊，隐藏背景图形"，页面大小"全屏，宽度 28 厘米，高度 20 厘米"，全屏观看设计效果。

步骤 1：打开演示文稿，单击第五张幻灯片。

步骤 2：选择"设计"，单击"主题"下拉列表按钮，右击画廊，选择"应用于选定幻灯片"，在"设置背景格式"窗格中选择"隐藏背景图形"。

步骤 3：单击"自定义→幻灯片大小→自定义幻灯片大小"。

步骤 4：在"幻灯片大小"对话框中选择"全屏"，修改宽度值为 28 厘米，高度值为 20 厘米，单击"确定"按钮。

步骤 5：按 Shift＋F5 组合键。

10. 自定义幻灯片放映的内容，只播放演示文稿中的第 1，2，5，6 四张幻灯片，并进行播放验证。

步骤 1：打开演示文稿，选择"幻灯片放映"选项卡，单击"开始放映幻灯片"功能组的"自定义幻灯片放映"下拉列表按钮。

步骤 2：在"自定义放映"对话框中单击"新建"，选择第 1，2，5，6 四张幻灯片并"添加"，重命名"自定义放映"的名称，如"日出"，然后单击"确定"按钮，关闭对话框。

步骤 3：单击"设置"功能组中的"设置幻灯片放映"按钮，在打开的"设置放映方式"对话框中选择"放映幻灯片"选项中的"自定义放映"，从列表框中选择"日出"，单击"确定"按钮。

步骤 4：按 F5 键，观看设计效果。

附　录

自测试题

自测试题 1

一、单选题(每题 1 分，共 30 分)

1. 在 Windows 10 启动后，整个屏幕我们称为(　　)。

A. 桌面　　　　　　B. 墙纸　　　　　　C. 窗口　　　　　　D. 图标

2. 在 Windows 10 窗口中，下面哪项功能显示当前操作状态(　　)。

A. 标题栏　　　　　B. 菜单栏　　　　　C. 状态栏　　　　　D. 任务栏

3. 断电后会使存储的数据丢失的存储器是(　　)。

A. RAM　　　　　　B. 硬盘　　　　　　C. ROM　　　　　　D. U 盘

4. 在 Word 2016 中，正在编辑文档的名称显示在(　　)。

A. 快速访问工具栏　　　　　　　　B. 任务栏

C. 状态栏　　　　　　　　　　　　D. 标题栏

5. 新建一个 Word 文档的快捷键是(　　)。

A. Ctrl＋O　　　　B. Ctrl＋N　　　　C. Ctrl＋S　　　　D. Ctrl＋A

6. 在 Word 2016 的编辑状态下，使插入点快速移动到文档首部的快捷键是(　　)。

A. CapsLock 键　　　　　　　　　　B. Shift＋Home 组合键

C. Ctrl＋Home 组合键　　　　　　　D. Home 键

7. 对已建立的页眉(或页脚)，要打开它可以双击(　　)。

A. 文本区　　　　　　　　　　　　B. 页眉(或页脚)区

C. 功能区　　　　　　　　　　　　D. 快捷工具栏区

8. 安装 Windows 10 操作系统时，系统磁盘分区必须为(　　)格式才能安装。

A. FAT　　　　　　B. FAT16　　　　　C. FAT32　　　　　D. NTFS

9. 要复制字符格式而不复制文字时，需用(　　)选项。

A. 剪切　　　　　　B. 复制　　　　　　C. 粘贴　　　　　　D. 格式刷

158

10. 在 Word 2016 文档中，进行文本格式化的最小单元是（　　）。

A. 字符　　　　　　　B. 数字　　　　　　　C. 单词　　　　　　　D. 单个汉字

11. 使图片按比例缩放应选用（　　）方法。

A. 拖动图片边框线中间的控制柄　　　B. 拖动图片四角的控制柄

C. 拖动图片边框线　　　　　　　　　D. 拖动图片边框线控制柄

12. 插入图片到 Word 文档中时，默认版式为（　　）。

A. 四周型　　　　　B. 上下型　　　　　C. 紧密型　　　　　D. 嵌入型

13. 计算机网络的目标是实现（　　）。

A. 数据处理　　　　　　　　　　　　B. 资源共享和信息传输

C. 文献检索　　　　　　　　　　　　D. 信息传输

14. Word 2016 中关于分栏下列说法正确的是（　　）。

A. 最多可设 4 栏　　　　　　　　　　B. 各栏宽必须相同

C. 各栏宽可以不同　　　　　　　　　D. 各栏的间距是固定的

15. 在"剪贴板"组中，"粘贴"显示灰色则（　　）。

A. 说明剪贴板中没有内容

B. 只有执行了剪切命令，该命令才可用

C. 只有执行了复制命令，该命令才可用

D. 说明该粘贴命令不可用

16. 段落标记是在输入（　　）后产生的。

A. 句号　　　　　　　B. 回车键　　　　　C. Shift＋Enter 键　D. 分页符

17. 在 Windows 10 中，要浏览本地计算机上的所有资源，可以实现的是（　　）。

A. 回收站　　　　　　　　　　　　　B. 任务栏

C. 文件资源管理器　　　　　　　　　D. 网络

18. 计算机中存储信息的基本单位是（　　）。

A. 字符　　　　　　　B. 字节　　　　　　C. 二进制位　　　　　D. 扇区

19. 计算机的性能主要取决于（　　）。

A. 字长、运算速度和内存容量　　　　B. 操作系统和硬盘容量

C. 硬盘容量、内存容量和显示器分辨率　D. 操作系统和内存容量

20. 二进制数 10101 转换成十进制数为（　　）。

A. 10　　　　　　　　B. 12　　　　　　　C. 21　　　　　　　　D. 20

21. 在 Windows 中，回收站实际上是（　　）。

A. 一块内存区域　　　　　　　　　　B. 硬盘上的一个文件夹

C. 一个文档　　　　　　　　　　　　D. 一个应用程序

22. 在对话框中，允许同时选中多个选项的是（　　）。

A. 单选框　　　　　　B. 复选框　　　　　C. 列表框　　　　　　D. 编辑框

23. 在 Windows 10 系统中，选择（　　）命令可以在不关闭当前程序的情况下迅速地使用另一个用户登录到系统。

A. 注销　　　　　　　B. 重新启动　　　　C. 切换用户　　　D. 睡眠

24. 在编辑 Word 文档时，将文档中所有的"计算机"都修改为"Computer"的便捷操作是（　　　）。

A. 中英文转换　　B. 查找和替换　　C. 文本翻译　　　　D. 改写

25. 在 Word 的编辑状态下，执行两次"剪切"操作后，则剪切板中（　　　）。

A. 仅有第一次剪切的内容　　　　　　B. 仅有第二次剪切的内容

C. 有两次"剪切"的内容　　　　　　　D. 无内容

26. 在 Word 中，如果当前光标在表格中某一行的最后一个单元格的外框线上，按下回车键后，将会（　　　）。

A. 光标所在的行加高　　　　　　　　B. 光标所在的列加宽

C. 在光标所在行下面增加一行　　　　D. 对表格不起作用

27. 按（　　　）键，可以删除光标所在位置左边的一个字符。

A. Delete　　　　　B. Backspace　　　C. Break　　　　　D. CapsLock

28. 编辑 Word 文档时，如果需要设定灵活多样的排版形式，使用（　　　）进行排版可以完成这个工作。

A. 分栏　　　　　　B. 文本框　　　　　C. 表格　　　　　　D. 艺术字

29. Word 2016"文件"选项卡中"关闭"命令的作用是（　　　）。

A. 关闭 Word 程序窗口，退出 Word

B. 关闭 Word 文档窗口，不退出 Word

C. 关闭 Word 程序窗口，返回文件资源管理器窗口

D. 关闭 Word 文档窗口，返回桌面

30. 在 Windows 环境下，把活动窗口的图像复制到剪贴板中，可按下（　　　）键。

A. PrintScreen　　　　　　　　　　　B. Alt＋PrintScreen

C. Ctrl＋PrintScreen　　　　　　　　D. Shift＋PrintScreen

二、判断题（每空 1 分，共 25 分）

1. 在选定栏双击鼠标左键可以选定一个段落。（　　　）

2. Windows 10 支持即插即用和热插拔，所以安装所有设备都不需要驱动程序。（　　　）

3. Windows 10 支持同时打开多个窗口，其中可以有两个窗口为"活动窗口"。（　　　）

4. 段落标记是 Word 识别段落的标识，在打印文档时不会打印出来。（　　　）

5. 从移动磁盘中删除的文件能进行恢复。（　　　）

6. 当一个应用程序窗口被最小化后，该应用程序将在后台继续运行。（　　　）

7. 删除一个快捷方式后，所指的对象并没有被删除。（　　　）

8. 页边距是页面四周的空白区域，也就是正文与页面边界的距离。（　　　）

9. Word 2016 在打印预览状态能对文档进行编辑。（　　　）

10. 调整 Word 文档中的表格对齐方式为居中可以使用的组合键是 Ctrl＋E。（　　　）

11. 在 Word 2016 中，用户可以精确设置表格的行高和列宽。（　　　）

12. 控制面板是 Windows 系统的设置进行控制的工具集合。（　　　）

13. 图标是 Windows 中的一个重要概念，它表示 Windows 的对象，可以指文件或文件夹。（　　　）

14. 在 Windows 中，将文件属性设置成"只读"可以保护文件不被修改和删除。（　　　）

15. 在一个文件夹中可以存在两个名字（包括扩展名）相同的文件。（　　　）

16. 屏幕保护程序起作用时，原来在屏幕上的当前窗口就被关闭了。（　　　）

17. 在编辑文档时，如果按 Delete 键，则会删除光标所在位置以后的一个字符或文档中选定的字符。（　　　）

18. Windows 规定，鼠标指针的位置就是编辑文件时插入点的位置。（　　　）

19. 在"文件资源管理器"窗口和"此电脑"窗口中，都可以对文件进行复制、删除等操作。（　　　）

20. Windows 是微软公司开发的一种应用软件。（　　　）

21. 可以设置文本框的形状轮廓使其边框线不可见。（　　　）

22. 单击"表格位置控点"可以选定整个表格，按住该控点拖动鼠标可以将表格移动到需要的位置。（　　　）

23. 字符边框可以应用到选定的文字或文字所在的段落。（　　　）

24. 字长 64 位的计算机是指能计算 64 位十进制数的计算机。（　　　）

25. 外存储器中的信息不可以直接进入 CPU 处理。（　　　）

三、填空题（每题 1 分，共 25 分）

1. 完整的计算机系统包括两大部分，即硬件系统和（　　　　　　　　）。

2. 在 Word 中，字符是指（　　　）、数字、标点符号和特殊符号等。

3. 在 Windows 的"回收站"窗口中，要想恢复选定的文件或文件夹，可以使用快捷菜单中的（　　　）命令。

4. 在 Windows 10 中，当用鼠标左键在不同驱动器之间拖动对象时，系统默认的操作是（　　　　　　）。

5. 在 Windows 中，如果要选取多个不连续的文件，可以按住（　　　）键，再单击相应文件。

6. 用户同时按下 Ctrl 键、Shift 键和（　　　）键可以打开任务管理器。

7. Word 文档段落对齐方式包括左对齐、右对齐、（　　　）、两端对齐和分散对齐。

8. Word 2016 文档默认的扩展名是（　　　　）。

9. 在 Word 2016 中，常见的文档视图方式有：（　　　）、阅读视图、Web 版式视图、大纲视图和草稿。

10. 删除、复制、剪切文本之前，应先（　　　　　　）。

11. Windows 系统中，插入与改写两种模式转换时按下键盘上的（　　　）键。

12. 文本框中文字的方向分（　　　）和垂直两种式。

13. 在 Word 2016 文档段落中强行换行的组合键是（　　　　　　）。

14. 在段落的缩进格式中，特殊格式有（　　　　　　）和悬挂缩进。

15. 如要使表格多行具有相同的行高，可以选定这些行，打开"布局"功能，单击"单元格大小"组中（　　　　　　）按钮。

16. 八个字节含有（　　）个二进制位。

17. 默认情况下，桌面最下方有一个灰颜色的长条区域，叫作（　　　）。

18. 在 Windows 10 中，选定当前文件夹中的全部文件和文件夹应使用的组合键是（　　　）。

19. 字符间距需要在（　　　）对话框中设置。

20. 在 Word 2016 中，当选定文档中的文字时，鼠标指针的右侧位置将会出现一个半透明状态的（　　　）。

21. 为了避免同一个单元格中的内容被分割到不同的页上，可在"表格属性"对话框的"行"选项卡中勾选（　　）复选框。

22. 在 Windows 中，（　　）是一个保存系统软、硬件配置和状态信息的数据库。

23. 打开"运行"对话框的组合键是（　　　　　）。

24. 在 Windows 10 的"附件"中，有两个用于一般文字处理的工具，它们是（　　　）和（　　　）。

25. （　　）通常是有 2 个不同的 IP 地址、连接不同网络的设备。

四、多选题（每题 2 分，共 20 分）

1. 在 Word 2016 中，"首字下沉"对话框中可以进行（　　）设置。

A. 字体　　　　　　B. 下沉行数　　　　C. 文字颜色　　　　D. 距正文距离

2. 在 Windows 10 中个性化设置包括（　　　）。

A. 主题　　　　　　B. 桌面背景　　　　C. 窗口形状　　　　D. 声音

3. 在 Word 2016 中要查看或删除分节符，需要在（　　）视图中进行。

A. 页面　　　　　　B. 阅读　　　　　　C. Web 版式　　　　D. 草稿

4. 下面各类符号中（　　）是分隔符。

A. 分页符　　　　　B. 分栏符　　　　　C. 分节符　　　　　D. 分章符

5. 在 Word 2016 文档中插入图片后，可以通过"图片工具"对图片进行哪些操作美化（　　　）。

A. 删除背景　　　　　　　　　　B. 设置艺术效果

C. 设置图片样式　　　　　　　　D. 裁剪图片

6. Word 文档的页面背景类型可以是（　　　）。

A. 水印　　　　　　B. 图片　　　　　　C. 单色　　　　　　D. 渐变颜色

7. 在 Word 的"字体"对话框中可以设置的效果有（　　　）。

A. 下标　　　　　　B. 字符间距　　　　C. 居中　　　　　　D. 字号

8. 可能出现在任务栏上的内容为（　　　）。

A. 正在运行的应用程序图标　　　　B. 已打开的文件夹图标

C. 对话框的图标　　　　　　　　　D. 系统日期和时间

9. 在 Windows 10 系统中，关于控制面板的叙述正确的有（　　　）。

A. 可以调整系统的硬件和软件配置

B. 可以安装系统的一些硬件驱动程序

C. 可以完成文档排版

D. 可以更改系统日期与时间

10. 下列操作中（　　）可以打开控制菜单。

A. 单击控制菜单按钮　　　　　　B. 在标题栏空白处右击

C. 在任务栏空白处右击　　　　　　D. 按 Alt＋空格键

参考答案

一、单选题

1. A　2. C　3. A　4. D　5. B　6. C　7. B　8. D　9. D　10. A　11. B　12. D　13. B　14. C　15. A　16. B　17. C　18. B　19. A　20. C　21. B　22. B　23. C　24. B　25. C　26. C　27. B　28. B　29. B　30. B

二、判断题

1. √　2. ×　3. ×　4. √　5. ×　6. √　7. √　8. √　9. ×　10. √　11. √　12. √　13. √　14. ×　15. ×　16. ×　17. √　18. ×　19. √　20. ×　21. √　22. √　23. ×　24. ×　25. √

三、填空题

1. 软件系统　2. 汉字　3. 还原　4. 复制　5. Ctrl　6. Esc　7. 居中对齐　8. docx　9. 页面视图　10. 选定文本　11. Insert　12. 水平　13. Shift＋回车　14. 首行缩进　15. 分布行　16. 64　17. 任务栏　18. Ctrl＋A　19. 字体　20. 浮动工具栏　21. 允许跨页断行　22. 注册表　23. Windows＋R　24. 记事本, 写字板　25. 路由器

四、多选题

1. ABD　2. ABD　3. ACD　4. ABC　5. ABCD　6. ABCD　7. ABD　8. ABD　9. ABD　10. ABD

自测试题 2

一、单选题（每题 1 分，共 25 分）

1. Excel 2016 工作表的基本单位是（　　）。

A. 单元格区域　　B. 单元格　　　　C. 工作表　　　　D. 工作簿

2. Excel 单元格的地址是由（　　）来表示的。

A. 列标　　　　　B. 行号　　　　　C. 列标和行号　　D. 任意确定

3. Excel 2016 中使用＄A＄1 引用工作表中的单元格，称为对单元格地址（　　）。

A. 绝对引用　　　B. 相对引用　　　C. 混合引用　　　D. 交叉引用

4. 在 Excel 2016 中，输入日期或数值默认的对齐方式是（　　）。

A. 左对齐　　　　B. 右对齐　　　　C. 居中　　　　　D. 两端对齐

5. Excel 2016 工作表的编辑栏用来编辑（　　）。

A. 单元格的地址　　　　　　　　　B. 单元格中的公式

C. 活动单元格中的数据或公式　　　　D. 单元格的名字

6. 下列操作可以使选定的单元格区域输入相同数据的是（　　　）。

A. 在输入数据后按 Ctrl＋空格　　　　B. 在输入数据后按回车键

C. 在输入数据后按 Ctrl＋回车　　　　D. 在输入数据后按 Shift＋回车

7. Excel 2016 编辑栏左侧的"×"表示（　　　）。

A. 编辑栏中的编辑有效，且接收　　　　B. 编辑栏中的编辑无效，不接收

C. 不允许接收数学公式　　　　D. 无意义

以下 8～9 题所需的数据都基于下图所示工作表。

▲	A	B	C	D
1	1	3	4	
2	2	5	4	
3	6	1	7	

8. 在 D1 单元格中输入公式"＝B1＋C1"后按回车键，D1 单元格中将显示（　　　）。

A. 7　　　　　　　B. 9　　　　　　　C. ＝B1＋C1　　　　D. B1＋C1

9. 函数 AVERAGE(A1:A3) 的值为（　　　）。

A. 2　　　　　　　B. 3　　　　　　　C. 6　　　　　　　D. 18

10. Excel 2016 可以对（　　　）字段进行汇总。

A. 一个　　　　　B. 两个　　　　　C. 三个　　　　　D. 一个或多个

11. Excel 工作簿既有工作表又有图表，当执行保存操作时（　　　）。

A. 只保存了其中的工作表　　　　B. 将工作表和图表保存到一个文件中

C. 只保存了其中的图表　　　　D. 将工作表和图表保存到两个文件中

12. 在 Excel 中向一个单元格输入公式或函数时，需要输入前导字符是（　　　）。

A. @　　　　　　　B. ♯　　　　　　　C. $　　　　　　　D. ＝

13. 下列符号中不属于比较运算符的是（　　　）。

A. ＝　　　　　　　B. ＝＜　　　　　　　C. ＜＞　　　　　　　D. ＞

14. 工作表被保护后，该工作表中的单元格的内容、格式（　　　）。

A. 可以修改　　　　B. 都不可修改、删除

C. 可以被复制、填充　　　　D. 可移动

15. 在 Excel 的图表中，能反映出数据变化趋势的图表类型是（　　　）。

A. 柱形图　　　　　B. 折线图　　　　　C. 饼图　　　　　D. 气泡图

16. Excel 2016 图表的显著特点是工作表中的数据变化时，图表（　　　）。

A. 随之更新　　　　B. 不出现变化　　　　C. 自然消失　　　　D. 生成新图表

17. 在打印工作表前就能看到实际打印效果的操作是操作（　　　）。

A. 仔细观察工作表　　B. 打印预览　　　　C. 按 F8 键　　　　D. 分页预览

18. 在普通视图模式下，按 Ctrl＋M 组合键会出现哪种结果（　　　）。

A. 进入此幻灯片的正文输入　　　　B. 退出 PowerPoint

C. 进入编辑状态　　　　D. 插入一张新幻灯片

19. 幻灯片的版式是由(　　)组成的。

A. 文本框　　　　　B. 表格　　　　　C. 图标　　　　　D. 占位符

20. 演示文稿与幻灯片的关系是(　　)。

A. 演示文稿和幻灯片是同一个对象　　　B. 幻灯片由若干个演示文稿组成

C. 演示文稿由若干张幻灯片组成　　　　D. 演示文稿和幻灯片没有联系

21. 编辑幻灯片中的备注可以在哪种视图下完成(　　)。

A. 阅读视图　　　　B. 备注页视图　　　C. 幻灯片浏览视图D. 普通视图

22. 放映幻灯片时，默认的换片方式是(　　)。

A. 右击鼠标　　　　B. 每隔时间　　　　C. 单击鼠标　　　　D. 双击鼠标

23. 下列关于幻灯片背景的说法错误的是(　　)。

A. 用户可以为幻灯片设置不同的颜色、图案或纹理

B. 可以使用图片作为幻灯片背景

C. 不可以同时为多张幻灯片设置背景

D. 可以为单张幻灯片设置背景

24. 在放映演示文稿过程中，下列哪个操作可以实现幻灯片的跳转(　　)。

A. 幻灯片切换　　　　　　　　　　B. 添加动作按钮

C. 自定义动画　　　　　　　　　　D. 设置动画方案

25. 在 PowerPoint 中，幻灯片能够按照预设时间自动连续放映，应该是指(　　)。

A. 幻灯片切换　　　　　　　　　　B. 观看方式

C. 自定义放映　　　　　　　　　　D. 排练计时

二、多选题(每题 2 分，共 20 分)

1. 要选中工作表的全部单元格，以下操作正确的是(　　)。

A. Ctrl＋A　　　　B. 单击全选按钮　　　C. Shift＋A　　　　D. 编辑→全选

2. 对 Excel 2016 的自动筛选功能，下列叙述中正确的是(　　)。

A. 单击"数据→排序和筛选→筛选"命令，可以进入自动筛选状态

B. 使用自动筛选功能筛选数据时，将删除不满足条件的行

C. 设置了自动筛选条件以后，可以取消筛选条件，显示所有数据行

D. 使用自动筛选功能筛选数据时，将隐藏不满足条件的行

3. 修改已输入在单元格中的数据，可以(　　)，然后进行修改。

A. 双击单元格　　　　　　　　　　B. 选定单元格，按 F2 键

C. 选定单元格，按 F3 键　　　　　　D. 选定单元格，单击编辑栏

4. 在 Excel 中，右击一个工作表的标签能够进行的操作有(　　)。

A. 插入工作表　　　　　　　　　　B. 删除工作表

C. 重命名工作表　　　　　　　　　D. 打印工作表

5. 有关 Excel 2016 表格中数据排序的说法正确是(　　)。

A. 数字类型可以作为排序的依据

B. 排序可以没有规则

C. 笔画和拼音能作为排序的依据

D. 日期类型数据可以作为排序的依据

6. 对 Excel 2016 的分类汇总功能，下列叙述中正确的是(　　)。

A. 在分类汇总之前需要按分类的字段对数据排序

B. 在分类汇总之前不需要按分类的字段对数据排序

C. 分类汇总的方式包括求和、计数、平均值等多种

D. 不可以同时对多个字段进行汇总

7. 在幻灯片中设置的超链接对象可以是(　　)。

A. 下一张幻灯片　　　　　　　　B. 一个应用程序

C. 其他演示文稿　　　　　　　　D. 幻灯片的某一对象

8. 在 PowerPoint 中，有哪些方法可以建立演示文稿(　　)。

A. 按 Ctrl＋O 组合键　　　　　　B. 按 Ctrl＋N 组合键

C. 在"文件"选项卡中选择"新建"命令　　D. 按 Ctrl＋M 组合键

9. 下列关于幻灯片背景的说法正确的是(　　)。

A. 用户可以为幻灯片设置不同的颜色、图案和纹理

B. 可以使用图片作为幻灯片背景

C. 不可以同时为多张幻灯片设置背景

D. 可以为单张幻灯片设置背景

10. 下列关于幻灯片动画效果的说法正确的是(　　)。

A. 幻灯片中的对象可以设置详细的动画效果

B. 对幻灯片中的对象可以设置"弹跳"效果

C. 幻灯片文本不能设置动画效果

D. 动画顺序决定了对象在幻灯片中出场的先后次序

三、判断题(每题 1 分，共 25 分)

1. Excel 2016 工作表可以根据需要改变单元格的高度和宽度。(　　)

2. 在 Excel 2016 中，复制操作只能在同一个工作表中进行。(　　)

3. 饼图用来显示数据系列中每一项与该系列数值总和的比例关系。(　　)

4. 对单元格进行合并不会丢失单元格中的数据。(　　)

5. Excel 2016 默认只对选定的区域排序，未选定的区域不参加排序。(　　)

6. 制作图表的数据源可以是不连续的单元格区域。(　　)

7. 自动筛选功能就是将不满足条件的数据删除，只保留需要的数据。(　　)

8. 在 Excel 2016 中，图表可以分为嵌入式图表和独立式图表两种类型。(　　)

9. 在 Excel 2016 编辑状态下，按 Home 键可以使 A1 单元格成为活动单元格。(　　)

10. 在 Excel 2016 中，用户可以根据自定义序列对数据清单进行排序。(　　)

11. 在打印 Excel 2016 工作表中的内容时，用户可以只打印选定的区域。(　　)

12. 在不同的工作表中引用单元格时，感叹号不能省略。(　　)

13. 在 Excel 2016 单元格引用中，单元格地址不会随位移的方向与大小而改变的称为

相对引用。(　　)

14. 双击行号的下边格线，可以设置行高为刚好容纳该行最高的字符。(　　)

15. 在活动工作表中，按 Shift＋F11 组合键会自动插入一张新工作表。(　　)

16. 单击某个工作表标签可以激活该工作表，使其成为活动工作表(　　)。

17. 在 PowerPoint 中，更改背景和配色方案时，单击"全部应用"按钮，对所有幻灯片进行更改。(　　)

18. 对幻灯片中的文字对象设置了超链接后，文字的颜色会发生变化。(　　)

19. PowerPoint 2016 提供了 4 类动画样式，包括"进入""退出""强调"以及"动作路径"。(　　)

20. 幻灯片中只能加入文本、图片、图表和组织结构图等静态元素。(　　)

21. 设计动画时，可以在幻灯片内部设计动画效果，也可以设计幻灯片之间切换的动画效果。(　　)

22. 在 PowerPoint 2016 演示文稿创建后，可以根据使用者设置的不同放映方式进行播放。(　　)

23. "演讲者放映"适合在展台或大屏幕投影机上自动播放。(　　)

24. 幻灯片中一个对象只能设置一种动画效果。(　　)

25. 在幻灯片浏览视图中，可以一次选中多张幻灯片进行删除、复制等操作。(　　)

四、填空题(每题 1 分，共 30 分)

1. 在幻灯片放映时阻止某张幻灯片放映的方法是(　　)。

2. Excel 2016"排序"对话框中的"关键字"排序方式有升序和(　　)两种。

3. 在幻灯片中绘制图形时，按(　　)键可绘制正方形或圆形。

4. 在 Excel 中输入数据时，输入完毕，可以按(　　)键、Tab 键、方向键或者单击编辑栏中的对号。

5. 关于 PowerPoint 的放映方式，用户可以从(　　)、观众自行浏览和在展台浏览 3 种类型中选择一种。

6. 在 Excel 单元格中输入数据之前设置(　　)可以阻止用户输入非法数据。

7. 在工作表的 A1:A9 区域设置表格标题，需要对该区域进行的操作是(　　)。

8. 在 Excel 2016 中，工作表行列交叉的位置称为(　　)。

9. PowerPoint 2016 若要设置幻灯片的版式为"标题和内容"，应该在(　　)选项卡中进行操作。

10. Excel 2016 文件的扩展名是(　　)。

11. Excel 数据排序时，可以按列排序，也可以按(　　)排序。

12. 在单元格中输入分数时，应先输入(　　)，然后输入该分数。

13. Excel 2016 可以存储(　　)、数字、日期时间和逻辑值等类型的数据。

14. 单元格区域 A2：D5 包括(　　)个单元格。

15. 在单元格中输入当前日期，可以按下(　　)键。

16. 在幻灯片的指定位置输入文本，可以使用(　　)、(　　)和图形。

17. 在 Excel 中，若想输入 100 元得到¥100.00，应在"设置单元格格式"对话框中选择"数字"选项卡中的（　　　　）。

18. 数据筛选的方式包括自动筛选、（　　　　）和高级筛选 3 种。

19. 公式中的运算符有 4 种，分别是算数运算符、（　　　　）、引用运算符和文本运算符。

20. 在 Excel 中，活动单元格的地址显示在（　　　　）。

21. 在 A3 单元格中输入"星期一"，按住填充柄拖至 A8，A5 单元格中显示的是（　　　　）。

22. 若某一个单元格右上角有一个红色的三角形，这表示（　　　　）。

23. 给 Excel 文件设置密码可以防止他人打开该文件，其一可以在"文件"选项卡的"信息"选项中设置，其二可以在（　　　　）中设置。

24. 将 Excel 表格的某些行或列标题冻结起来，在窗口滚动时不随着滚动，而保留在屏幕的可见区内，这种操作称为（　　　　）。

25. 删除 Excel 工作表时，工作簿中至少要有（　　　　）个工作表。

26. 放置数据透视表的位置可以选择当前工作表，也可以选择（　　　　）。

27. 创建数据透视表时，可以使用当前工作表中的数据，也可以使用（　　　　）。

28. 保护工作簿是对工作簿的（　　　　）和（　　　　）进行保护，而非保护工作表里面的内容。

29. 首次启动 Excel 2016，创建的工作簿默认有 1 个工作表，名称为（　　　　）。

30. 在单元格 A1 中输入公式"＝16＜＞9"，则 A1 中显示结果是（　　　　）。

参考答案

一、单选题

1. B　2. C　3. A　4. B　5. C　6. C　7. B　8. A　9. B　10. D　11. B　12. D　13. A　14. B　15. B　16. A　17. B　18. D　19. D　20. C　21. B　22. C　23. C　24. B　25. D

二、多选题

1. AB　2. ACD　3. ABD　4. ABC　5. ACD　6. AC　7. ABC　8. BC　9. ABD　10. ABD

三、判断题

1. √　2. ×　3. √　4. ×　5. √　6. √　7. ×　8. √　9. ×　10. √　11. √　12. √　13. ×　14. √　15. √　16. √　17. √　18. √　19. √　20. ×　21. √　22. √　23. ×　24. ×　25. √

四、填空题

1. 隐藏该幻灯片　2. 降序　3. Shift　4. 回车键　5. 演讲者放映　6. 数据有效性　7. 合并单元格　8. 单元格　9. 开始　10. xlsx　11. 行　12. 0 和一个空格　13. 字符　14. 16　15. Ctrl＋；　16. 占位符，文本框　17. 货币　18. 自定义筛选　19. 比较运算符　20. 名称框　21. 星期三　22. 该单元格附有批注　23. 另存为对话框　24. 冻结窗格　25. 1　26. 新工作表　27. 外部数据源　28. 结构，窗口　29. Sheet1　30. TRUE

参考文献

[1]智云科技. PowerPoint 2013 设计与制作[M]. 北京：清华大学出版社，2015.

[2]林科炯. Excel 2016 办公应用从入门到精通[M]. 北京：中国铁道出版社，2016.

[3]吴红梅，刘建卫. Excel 2010 立体化实例教程[M]. 北京：人民邮电出版社，2014.

[4]龙马高新教育. Word 2013 从入门到精通[M]. 北京：人民邮电出版社，2016.

[5]龙马高新教育. Windows 10 使用方法与技巧从入门到精通[M]. 北京：北京大学出版社，2016.

[6]陈树平，张庆政，马玉洁. 大学计算机基础[M]. 北京：清华大学出版社，2012.

[7]王剑云. 计算机应用基础[M]. 北京：清华大学出版社，2012.

[8]山东省职业教育教材编写组. 计算机应用基础[M]. 3 版. 北京：高等教育出版社，2016.

[9]山东省职业教育教材编写组. 计算机应用基础学习指导与练习[M]. 3 版. 北京：高等教育出版社，2013.

[10]顾沈明，潘洪军，冯相忠. 计算机应用基础题解与上机指导[M]. 2 版. 北京：清华大学出版社，2012.

[11]王璐. 电脑组装·维护·故障排除入门与实践[M]. 北京：清华大学出版社，2015.

[12]全国高校网络教育考试委员会办公室. 计算机应用基础[M]. 北京：清华大学出版社，2017.

[13]孙晓南. PowerPoint 2016 精美幻灯片制作[M]. 北京：电子工业出版社，2017.